指尖花园
土耳其传统蕾丝饰品

［日］平尾直美 / 著

虎耳草咩咩 / 译

中国纺织出版社有限公司

我个人收藏的古董珍藏品。
左侧是围巾，右侧是零钱包，
全是伊内欧雅编织制作而
成的。

前 言

本书的主题是土耳其的传统蕾丝编织——伊内欧雅。

土耳其语中 iğne（伊内）的含义是手缝针，oya（欧雅）的含义是蕾丝编织。自奥斯曼帝国时代开始，伊斯兰女性教徒就为覆盖头脸的围巾制作花边。当我初次了解到这些纤细漂亮的花朵和根植于文化的装饰图案仅由 1 根手缝针和线编织而成时，那种震惊和感动让我至今记忆犹新。另外，在土耳其不同地区有各自传统的编织方法和奇趣的特色主题。即便图案起源相同，装饰图案也有所差异。有趣的是，应用在围巾上的装饰图案也有着各自不同的含义，这更吸引着我探寻伊内欧雅的深层蕴意。

初学没多久时，我因为无法顺利编织出欧雅结，几度进入瓶颈期。不过，经过不断地真操实练，我终于领悟到无论看上去多么细密复杂的花片，都是通过基础打结、针脚相连的方式编织而成的。也就是说，只要会编织基础结，就能编织出各种形状的伊内欧雅。想来正是因为其技法简洁，土耳其女性才能在日复一日地编织中设计出丰富多彩的花样。

为使初学者也能尝试制作，本书从基础技巧开始进行介绍。另外，在对古代伊内欧雅编织地区流传下来的古董珍藏品进行研究后，我将其编织方法进行改编而原创出了现代时尚花片并将其制作成了饰品及小物，书中对此也进行了介绍。书中作品使用的线材除了欧雅专用线之外，还运用了常见的刺绣线和蕾丝线。

希望本书能让您感受到伊内欧雅的魅力，让更多的人爱上这门编织技艺，让我们一起走进这指尖上的缤纷世界吧。

平尾直美

目录 *Contents*

＊制作方法页面刊载的花片尺寸，为大致的参考数值。

第 *1* 章

基础技法

　　编织伊内欧雅，初期最大的难关在于制作"紧固不松散的基础结"。在真正领悟之前，反复练习很关键。待熟练掌握基础结的制作后，后面的环及加针等操作也会变得容易上手。

　　书中杯垫的编织方法很简单，可以用于初期的练习。

开始编织前

首先对土耳其蕾丝编织所需的线材、针、基础针法和花片编织方法，以及本书所使用的编织图解符号进行介绍。先培养对运针及走线方法的感觉，待手法熟练后再来做饰品或小物。掌握基础手法是在享受手工制作乐趣的同时完成美观作品的捷径。

线材

土耳其蕾丝编织使用的是细且光滑、不易断的结实线材。初学者除了可以用易于操作的欧雅专用线外，还可以使用蕾丝线、刺绣线、手缝线等。用有适度张力的化学纤维线材制作出的成品贴合紧密，用绢质和木棉材料制作出的成品则触感柔软。另外，由于线材粗细不同，制作出的花片大小也会各异，所以请根据想要呈现的风格及用途来选择线材。穿针的线长约为50~70cm。编织过程中，在线不够用或需要换色时，用接新线的方法继续编织。

土耳其蕾丝使用的线材以涤纶线为主，请按花片所呈现的风格来挑选合适的线材及粗细。自左顺时针开始依次为40号蕾丝线、金属线、细涤纶线、中粗涤纶线、8号刺绣线

〈各类5行5针的三角花片〉

变换线材种类及欧雅结的绕线圈数，即便是相同的针数和行数，制作出的花片大小及质感也会有所不同。＊括号内是欧雅结的绕线圈数。

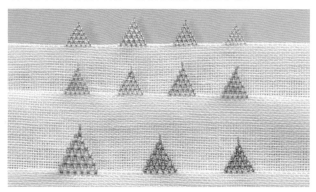

上层·自左开始依次为：中粗涤纶线（绕线1圈）、中粗涤纶线（绕线2圈）、细涤纶线（绕线2圈）、细佐贺锦丝线（绕线2圈）
中层·自左开始依次为：40号蕾丝线 真丝线（绕线1圈）、8号蕾丝线（绕线1圈）、25号刺绣线·3股（绕线1圈）
下层·自左开始依次为：2号刺绣线·6股（绕线1圈）、30号金属蕾丝线（绕线2圈）、30号金属蕾丝线（绕线1圈）

上图展示了丝线和棉线的光泽感及柔软的手感，粗真丝线及6股的25号刺绣线是捻合不紧密的线，制作出的作品是针脚清晰的大花片。也有用3股25号刺绣线制作的情况。左：真丝线、右：中粗佐贺锦丝线（越前屋）、下：25号刺绣线

针

选择适合自己手型和手指长度且针孔便于穿线的针。本书中主要使用的是棉布手缝针。推荐使用长款的绗缝针，当作品需要织入珠子时使用能穿过珠孔的细针（本书使用的是丝绸绗缝针）。

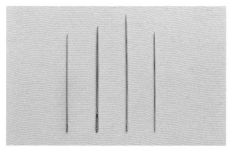

自左开始：细长针孔的土耳其手缝针、法式刺绣针、长棉布绗缝针、绸缎绗缝针

基础编织方法

*此教程在平纹麻布对折的折痕处进行编织。

编织图解符号

○ = 接线　　　● = 绕线 1~2 圈的欧雅结　　　∩ = 1 个山形 = 1 个针脚

⊗ = 断线　　　⊘ = 绕线多圈的欧雅结　　　----- = 渡线

1. 编织欧雅结

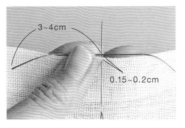

1 将针垂直插入布边。将线头朝左搭在针上，用指尖压住线头。

2 将针孔带出的 2 根线一起向右侧提拉。

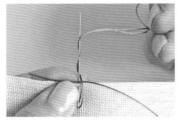

3 提拉出的线压在针后向前绕 1 或 2 圈。
*开始编织处和结束编织处一定要绕线 2 圈。

4 将针垂直向上拉出，一边确认打结过程是否像高音谱号的形状，一边缓慢地将线拉出。

5 拉紧针脚，将线相对布边垂直用力提拉，制作小而紧固的欧雅结。

重点 花片右侧的欧雅结，待垂直打结后，将线朝右上提拉，形成稍向右倾的欧雅结。

2. 制作针脚

对齐打结的高度和编织针脚的宽度，形成美观的山形（正三角形的样子）。

（图注：欧雅结的高度　编织针脚的宽度）

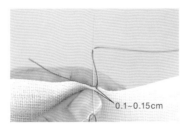

1 在距离开始处的欧雅结左侧 0.1~0.15cm 的位置入针。为将线头裹入编织针脚内，将其搭在针上，把连接着打结侧的线稍弯曲松垮地绕在针上。

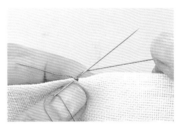

错误示范 因需将与打结处相连的线制作成"山"形的编织针脚，所以用力拉就会将针脚压垮。

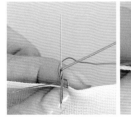

2 将从针孔带出的 2 根线从针右侧压向针的另一侧后绕线 1 圈。

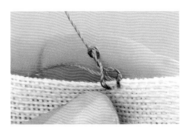

3 将针从布边垂直拉出，线呈高音谱号形状后偏向右侧斜拉。把顶在布背面的食指靠在编织线上，调整"山"形的大小。

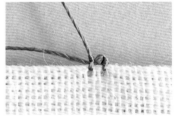

4 用力拉线制作小而紧固的结，完成 2 个欧雅结间的 1 针渡线。再次将线垂直拉出，整理针脚的方向。

3. 制作绕线多圈的欧雅结

＊制作在针上绕线3次以上的欧雅结。

绕线多圈的欧雅结

基础欧雅结（p.7）

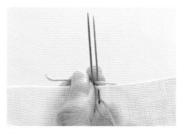

1 将针垂直插入布边。将线头朝左侧搭在针上，边用指尖压住线头，边在缝针旁放置另一根针（以下称为"伴针"），和线头一起压住。

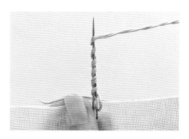

2 将针孔带出的2根线一起向右侧提拉，从2根针后侧朝前绕几圈（图示为6圈）。

 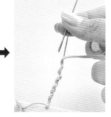

3 将2根针垂直向上拉，拉的过程中将伴针取出。

4 将呈线圈状卷起的线缓慢地拉出。

5 拉紧至针脚不再松垮的程度，将线垂直带出制作欧雅结。

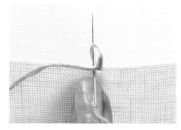

6 在步骤5左侧相邻处制作绕线1圈的欧雅结。将针垂直插入布边，把从欧雅结的顶点处带出的线搭在针上。

7 将从针孔带出的2根线同时向针的右侧提拉，从针的后侧开始绕线1圈。

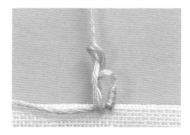

8 将针垂直向上拉，把线缓慢地拉出。

9 拉紧针脚后，将线垂直从布边拉出，制作紧固的欧雅结。

与绕线1~2圈的欧雅结组合

绕线多圈的欧雅结

基础欧雅结

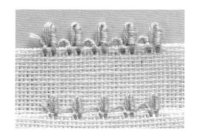

本书的作品由绕线多圈的欧雅结和绕线1~2圈的欧雅结交替编织而成。图示上方为6股25号刺绣线绕线6圈，下方为3股线绕线8圈的示范。

A.将旧线接入新线中

新线　旧线

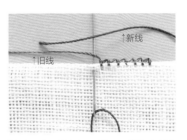

1 将已编织的线（以下称"旧线"）和新线的线头朝左侧搭在针上。

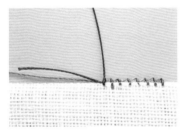

2 将从针孔带出的线在针上绕线2圈后，制作欧雅结。

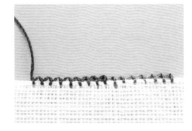

3 再用新线裹入旧线和新线的线头，编织3~4个针脚。避开旧线和新线的线头，继续用新线编织。

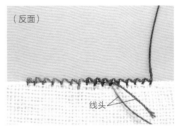

（反面）

线头

4 待编织完作品后，将旧线和新线的线头在距编织针脚0.2cm左右处剪断。

B.旧线和新线交替编织

新线　旧线

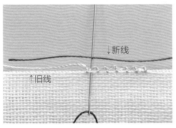

↓新线

↑旧线

1 将已编织的线（以下称"旧线"）的线头朝左放置。新线在最后1个打结处的右侧入针，将线头朝左搭在针上。

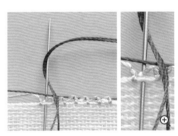

2 将从新线针孔带出的2根线向针的右侧提拉，从针后侧向前绕线1圈。

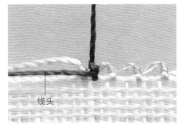

线头

3 将针垂直是向上拉，把线拉紧制作欧雅结。

4 旧线线头留0.2~0.3cm剪断收尾（p.19）。

5 边裹入新线的线头，边继续编织。

C.制作多圈绕线欧雅结时

新线 旧线

1 将穿有新线的针，在旧线所编织的最后打结针脚靠右侧的地方插入。

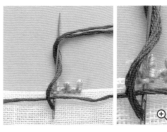

2 将新线的线头朝左搭在针上，把从针孔带出的2根线朝针的右侧提拉，从针后侧开始向前绕线1圈。

3 将针垂直向上拉，把线拉紧作结。

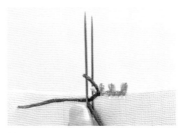

4 制作多圈绕线的欧雅结。将另一根针（以下称为"伴针"）摆在缝针旁，从缝针的右侧开始挂线。

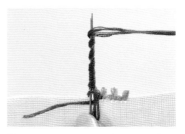

5 从针孔带出的2根线全都向针的右侧提拉，从2根针的后侧朝前绕几圈（图示为6圈）。

6 将2根针垂直向上拉，拉的过程中将伴针取出。将呈线圈状卷起的线缓慢地拉出。拉紧至针脚不再松垮的程度，将线垂直拉出制作欧雅结。

7 在步骤6的左侧制作绕线1圈的欧雅结，继续编织。

4.制作三角花片（减针）

＊此教程制作的是5行5针的三角形。

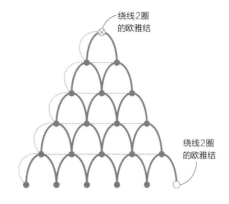

绕线2圈的欧雅结

绕线2圈的欧雅结

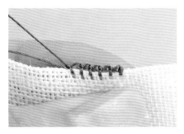

1 编织第1行。在布边制作6个欧雅结，即5个针脚。左侧的欧雅结是将线向左拉形成左倾（对于两侧的欧雅结，需要右边向右倾、左边向左倾）。通过3~4个针脚将搭在布边的线头和布编织在一起。

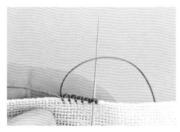

2 编织第2行。在第1行右侧的针脚处入针，将与左侧针脚相连的线渡到右侧（以下称为"渡线"）搭在针上。这时，用手指顶在织好部分的反面。

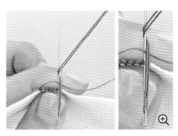

3 将从针孔带出的2根线从针右侧向后方绕线1圈后搭在针上。把针朝布边垂直拉。渡线稍有富余地搭在下一行的上面。如留得过短，针脚会堆在一起，过长的话，左侧会鼓胀起来。

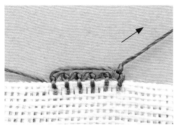

4 用力拉线制作小而紧固的欧雅结后，将线稍稍拉至右倾。在下一行的左侧针脚与渡线留出适当的间隙。

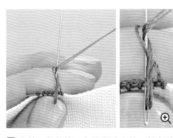

5 在第1行的第2个针脚处入针，挑起渡线制作欧雅结。接着编织3针，完成第2行。注意相对下一行垂直拉线。

6 依照步骤**2**~**5**的相同要领，编织第3~5行。最后在顶点制作绕线2圈的欧雅结，完成每行分别减1针的三角花片。

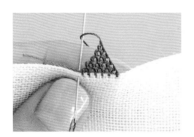

7 接着编织三角花片。在紧靠第1行左侧结旁的布边处入针。与顶点结相连的线倒向左侧，并搭在针上。

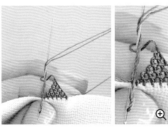

8 将从针孔带出的2根线从针右侧开始在针上绕线1圈。

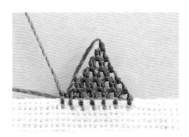

9 注意倒回的线要松紧适当，沿三角形的边来制作欧雅结。

11

5.制作环

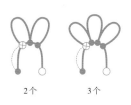

2个　　3个

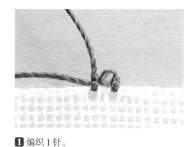

1 编织1针。

2 将线渡至针脚右侧，在右端制作欧雅结。

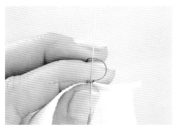

3 将与想要制作的环大小接近的线稍松垮地搭在针上，将线压在食指和中指间。

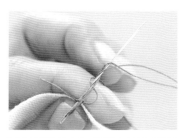

4 将从针孔带出的2根线同时压在步骤**3**的线上，在针上绕线1圈。

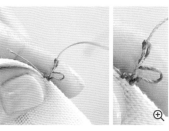

5 抽针，将线缓慢地拉出。在布反面将食指顶靠在编织线上，对环的松弛度进行微调。

6 确定环的大小后，用力拉紧线，完成1个环。

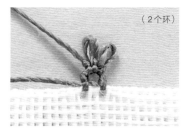

（2个环）　　（3个环）

7 依据设计要求制作第2个、第3个环，在第1个环的左侧按步骤**3**~**6**的相同要领进行制作。

6.制作倒三角花片（加针）

绕线2圈的欧雅结

绕线2圈的欧雅结

1 编织第1行的1个针脚、第2行的2个环（上图）。加针时位于两端的欧雅结，拉线时右边倾向右侧，左边倾向左侧。

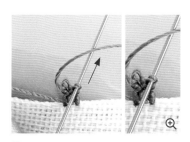

2 编织第3行。在下一行右侧的针脚处入针，针上搭线渡线至右边。

3 将针孔处带出的线搭在针上，制作绕线1圈的欧雅结。

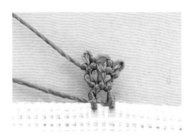

4 在同一针脚上再制作1个欧雅结，制作第1针 (第3行的第1针)。在下一行的左边的针脚处，制作欧雅结 (第3行的第2针)，在其左边再次制作1个欧雅结 (第3行的第3针)。

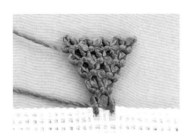

5 按步骤②~④的相同要领，编织4~5行。在每行上分别增加1针，完成倒三角花片。

7. 编织叶片

＊连续加针编织5行，再连续减针编织4行，以此方式来制作叶片。

绕线2圈的欧雅结

绕线2圈的欧雅结

1 第1~5行进行加针，编织倒三角。第6行开始进行减针，将线渡至右边，在下一行的右边针脚内制作绕线1圈的欧雅结。

2 用编织环 (p.12) 的方式编织1个装饰环。

3 接着按照编织倒三角花片的相同要领，在每行进行1针减针 (p.11)，右边制作装饰环编织至第9行。

4 在顶点编织1针装饰环，完成叶子的花片。最后制作绕线2圈的欧雅结。

行间的换线

➡

＊为便于清晰理解，使用了双色线。
＊为使编织线不松脱，在针数多的行上操作时，可以牢牢地按压住。

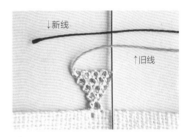
↓新线
↑旧线

1 在下一行右端的针脚内入针，已编织的线 (以下称为"旧线") 在右侧，新线线头向左侧搭在针上。

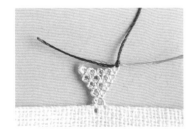

2 边裹入旧线，边用新线编织绕线2圈的欧雅结。

3 编织3针左右，在距离编织针脚约0.2cm处将新线的线头切断。接着，用新线编织所需的行数。

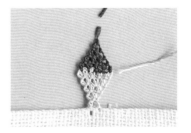

4 编织好后，在距离编织针脚0.2cm左右处将旧线和新线的线头切断。

8. 编织边缘

*此教程为 2 个 5 行 5 针花片的连接方法。
*为便于清晰理解，使用了双色线。

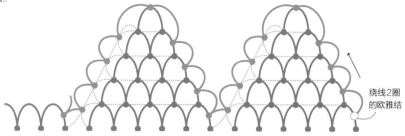

绕线 2 圈
的欧雅结

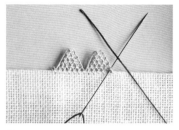

1 编织 2 个三角花片（p.11），从右侧的三角开始编织。在第 1 行右端的针脚处垂直入针，另线的线头朝左搭线在针上。

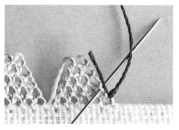

2 在开始编织处制作绕线 2 圈的欧雅结，在第 2 行的右端针脚处入针后挑起线头，进行绕线 1 圈的欧雅结，完成 1 个针脚的制作。

3 按相同要领编织到第 3~5 行后，编织左侧。在第 4 行左侧的边缘处入针，并将倒回的线也挑起。

4 边将倒回的线裹入，边以步骤 **2** 的相同要领编织第 3~1 行的针脚。

5 接着，编织相邻三角形的边缘。在第 1 行右端的针脚处入针，针上搭线。

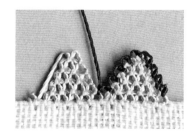

6 制作绕线 1 圈的欧雅结。

7 按右侧三角的相同要领，编织左侧的边缘。根据设计编织边缘，最后制作绕线 2 圈的欧雅结。

9. 环形编织的起针

＊为便于清晰理解，示例中的针脚稍编织得偏大。
＊此教程制作了 5 个针脚。

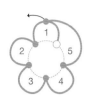

针数少时

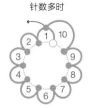

针数多时

重点

针数多时，在编织到一半后，拉动线头将环缩小些，边编织剩下的针脚，边一点点地拉线头收紧环。

1 留出 15cm 以上的线头，在左手食指上往前绕线 1 圈后，用拇指按住。

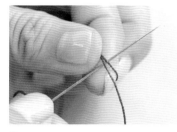

2 在圈起的线中入针。

3 将从针孔穿出的 2 根线从右侧开始在针上绕线 2 圈。

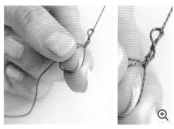

4 用指尖压住环和线头后抽针，边确认线的走向像高音谱号的形状，边缓慢地将线拉出。

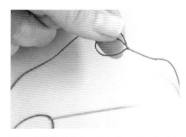

5 用力拉线形成小而紧固的环后，从手指上取下环。

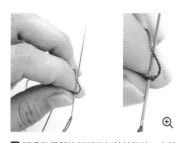

6 用手指紧紧按压环的打结针脚处，在第 1 个欧雅结的左侧入针。

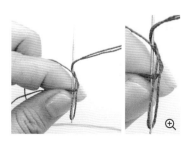

7 制作绕线 1 圈的欧雅结。

8 完成 1 个针脚。

9 按步骤 **2** ~ **7** 的相同要领，共编织 4 个针脚。

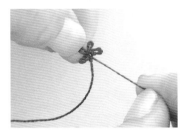

10 收紧开始编织处的线头。

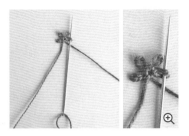

11 在第1个针脚处入针，编织欧雅结制作第5个针脚。

12 完成5个针脚。

10.制作筒状编织

＊为便于清晰理解，示例中的针脚编织得偏大。

＊此教程制作了5个针脚。

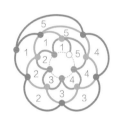

11.制作绳辫

＊本书制作的绳辫是指纵向相连的单针脚绳辫。

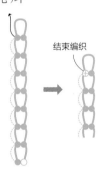

结束编织

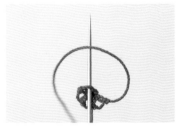

1 编织5个针脚的环形起针，制作第1行（p.15）。第2行是在第1行的第2个针脚处入针，制作欧雅结制作第1个针脚。图片是在第2行入针时的样子。编织第2行时，注意不要忘记挑起第1行最后的线（图解中的5）。

2 按相同要领，一边挑左侧的针脚，一边不加不减呈螺旋状地继续编织。

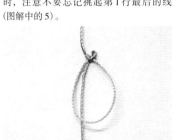

1 留出15cm以上的线头，将线在左手食指上向前绕1圈，用环形编织的起针方式编织1个针脚。编织成长线（绳）状时，制作绕线2圈的欧雅结。

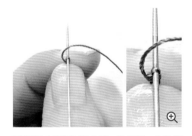

2 用指尖紧紧压住步骤1的针脚，在针脚处入针。

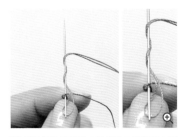

3 将从针孔带出的2根线从右侧绕线2圈在针上。

4 将针从针脚处垂直向上拉，把线慢慢地拉出。

5 用力拉线，制作小而紧固的结。

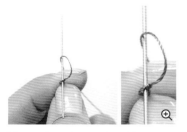

6 在相同针脚处入针，将线搭在针上。

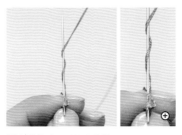

7 制作绕线 2 圈的欧雅结。

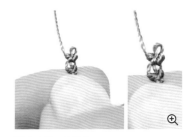

8 完成第 2 个针脚。

9 按步骤2～7的相同要领，编织所需针脚数。

→

绳辫的换线

＊为便于清晰理解，使用了双色线。

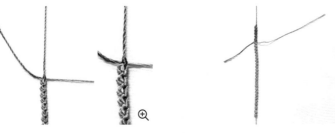

1 在下一行的针脚处入针。将已编织的线（以下称"旧线"）的线头放在右侧，新线的线头朝左搭在针上。

2 指尖紧紧按压住针脚，用新线制作绕线 2 圈的欧雅结。

3 注意不要将线头裹入织物中继续编织。换线的线头待作品完成后进行收尾 (p.19)。

12. 制作交替的绳辫

1 留出 15cm 以上的线头，在左手食指上向前绕线 1 圈，用环形编织的起针方式编织 1 个针脚。图示为完成的第 1 行。

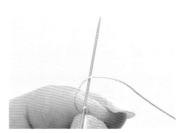

2 在步骤1针脚的左侧继续制作针脚。指尖紧紧按压住针脚，将针插入针脚。

  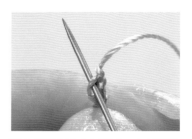

3 将从针孔带出的2根线从右侧拉起,从针的后侧往前绕线1圈。

4 将针从针脚处垂直向上拉,最后用力拉线制成紧固的结,完成的针脚即为第2行。

5 在步骤④针脚的右侧编织。在步骤④的针脚上入针。

6 将线搭在针上,把从针孔带出的2根线向针的右侧拉起。将2根线从针的后侧向前绕线1圈,抽针将线缓慢拉出。

7 最后用力拉线制成紧固的结,完成的针脚即为第3行。

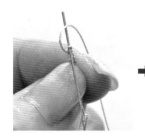  

8 按步骤②~⑦的相同要领,左右交替编织针脚。

9 编织所需针脚数。

交替绳辫的换线

＊为便于清晰理解,
使用了双色线。

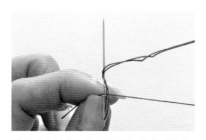 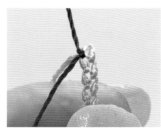

1 将穿入新线的针,插入下一行的针脚内。将编织线和新线的线头朝左搭在针上。指尖牢牢压住针脚,将针上的线往针的右侧提拉,从后侧往前绕。

2 缓慢拉线,最后用力拉线制成紧固的结。

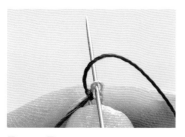

3 和步骤①相同，在下一行的针脚处入针。

4 将从针孔拉出的线往针的右侧提拉，从后侧向前绕线 1 圈。

5 缓慢拉线，最后用力拉制成紧固的结。

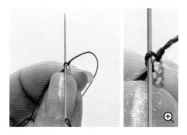

6 在步骤⑤完成的针脚内入针。

7 注意不要将线头裹入继续编织。换线的线头待作品完成后收尾（见下文）。

线头的收尾

〈涤纶、锦纶线〉

利用涤纶（尼龙）线加热熔化后快速凝固的特点来防止线散开的方法。

在距离结束针脚 0.2cm 左右处剪断线头。将打火机的火快速靠近线头并快速离开，用指尖按压熔化的线头。操作前调整打火机的火焰高度，留意不要烧伤。注意火靠得太近，会使线燃烧时过度熔化。

〈棉线·丝线〉

丝线及棉线类的线材遇火会燃烧，因此不适用于上述打火机的处理方式。通常断线即可。若担心线散开，建议涂抹市售的锁边液。

在线头上涂抹少量锁边液，线头干透硬化后可以防止松散。锁边液干透后是透明的，因此不明显，不会影响作品的感觉。
锁边液（Clover 可乐牌）

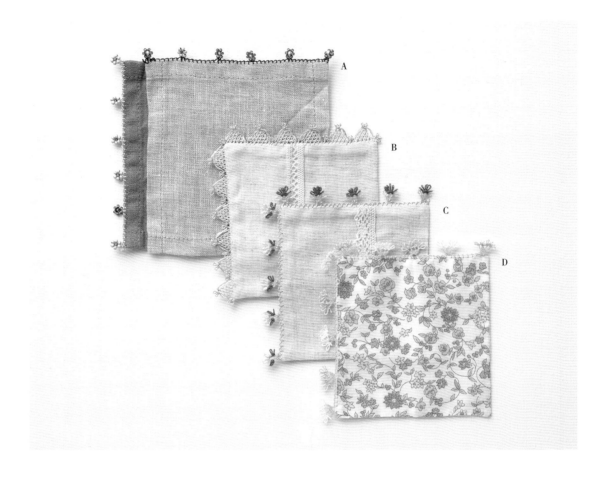

制作花边

花边可作为编织方法的练习，当然最关键的还是愉悦地享受制作的快乐。下面有4种花边，有织入珠子的，也有将环作为花瓣的款式。试着将4种花边和手边的杯垫搭配着制作成品吧。

● ● 珠子

花边 A

【花片尺寸】
纵向 0.6cm，横向 0.6cm

【材料】
线…丝线，小圆珠，布杯垫
＊针…可穿过珠孔的细针

【编织方法】
＊欧雅结…开始编织和结束编织为绕线 2 圈，其余是绕线 1 圈

1 编织 1 个针脚（p.7），在针脚右侧渡线制作欧雅结。

2 在线上穿 3 颗珠子。

3 再次呈交叉状态穿过第 1 颗珠子。

4 拉线至珠子靠近针脚。

5 在线上穿 4 颗珠子，再次穿过步骤**2**中的第 3 颗珠子。

6 拉线至珠子靠近针脚，在第 3 颗珠子的下方打欧雅结。

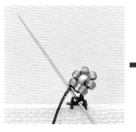

7 在针脚左侧入针制作欧雅结。

8 在步骤**7**的左侧打欧雅结制作 1 个针脚。接着编织 3 个针脚、在花片的左侧共编织 4 个针脚。

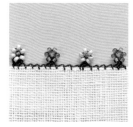

9 边变化珠子的配色，边重复步骤**1**~**8**继续编织。

花边 B

【花片尺寸】
纵向 1cm，横向 1.5cm

【材料】
线…中粗涤纶线
布杯垫

【编织方法】
＊欧雅结…开始编织和结束编织为绕线
2 圈，其余为绕线 1 圈

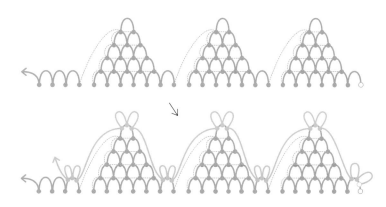

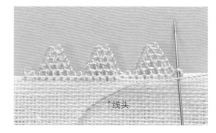

1 编织第 1 个针脚（p.7），在左侧编织三角花片（p.11）。继续重复此操作编织，最后在左侧将线下拉再编织 1 个针脚，剪断线头收尾（p.19）。将穿上另一根线的针在第 1 个针脚处入针，把线头朝左搭在针上。

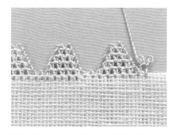

2 编织装饰环。将针插入第 1 个针脚，编织 2 个环（p.12）。

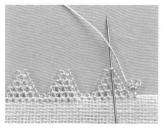

3 在三角花片顶点的针脚处入针，渡线。

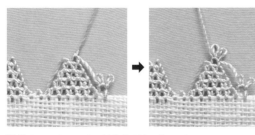 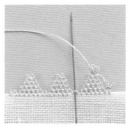 

4 依然在顶点的针脚处制作欧雅结，编织 2 个环。

5 在三角花片左侧的针脚处入针，将线下拉。

6 重复步骤 ②～⑤，继续编织装饰环。

花边 C

【花片尺寸】 纵向 1.1cm，横向 1cm

【材料】 线…8 号刺绣线，布杯垫

【编织方法】 ＊欧雅结…开始编织和结束编织为绕线 2 圈，其余为绕线 1 圈

1 编织底边的第 1 个针脚 (p.7)。

2 在步骤 ① 的右侧渡线制作欧雅结。

3 在步骤 ① 的针脚处编织 2 个环 (p.12)。

4 在步骤 ① 的针脚左侧将线下拉制作欧雅结，继续编织 6 个针脚。

5 重复步骤 ①～④，继续编织底边。

6 从底边右端开始编织装饰环。用另一根线在底边环的顶点处编织 1 个环，再渡线至左侧的环内编织 1 个环。步骤 ③ 的 2 个环为一组，每组编织完都要断线收尾 (p.19)。

7 用另一根线在步骤 ⑥ 的渡线上编织 4 个环。渡线处均断线收尾进行处理。

8 重复步骤 ⑥、⑦ 继续编织。

花边 D

【花片尺寸】 纵向 1cm, 横向 1.4cm

【材料】 线…40号蕾丝线, 布杯垫

【编织方法】 ＊欧雅结…开始编织和结束编织为绕线 2 圈, 其余为绕线 1 圈

1 编织底边的第 1 个针脚 (p.7)。

2 在步骤 **1** 的右端渡线制作欧雅结。

3 接着编织 1 个较大的环 (p.12)。

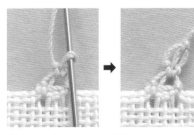

4 在环的顶端渡线制作欧雅结。

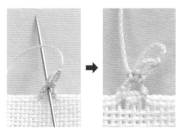

5 在步骤 **1** 的针脚左侧入针, 环顶点的线稍留长些 (0.3~0.4cm), 下拉制作欧雅结。

6 在步骤 **5** 的左侧, 按步骤 **3**~**5** 的相同要领再编织 1 次。

7 在步骤 **1** 的针脚左侧将线下拉制作欧雅结。接着, 在花片的左侧编织 5 个针脚。

8 重复步骤 **1**~**7**, 继续编织底边。

9 从底边右端开始编织装饰环。用另一根线在底边环的顶端编织 4 个环, 渡线在左侧底边环处制作欧雅结。

10 接着编织 4 个环。

11 装饰环以 8 个环 (4 个环 ×2) 为一组进行编织, 每次都断线收尾 (p.19)。

专栏 1

在生活中发展起来的伊内欧雅，随着时代的变迁正逐渐淡出人们的视线。

野中几美

仅用手缝针和线制作的伊内欧雅，据说起源于中亚，在希腊、保加利亚等周边国家也有类似的蕾丝编织工艺。不过，其在土耳其能够繁荣、发展起来也有一定的原因。伊斯兰女性将其用在包裹头脸的围巾上，从开始以织补豁口为目的，到后来以装饰为乐趣。作为装饰花边的伊内欧雅迅速在民间扩散发展，诞生了种类繁多的纹饰及技巧。

不同地域和民族都有着各自不同的装饰图案、配色、形态和制作方法，但传承形式都是由母亲将独有花型传授给女儿。因此看到古旧物品，就能分辨出是什么地方、哪个年代制作的。早期制作作品所用的是丝线，当地拥有养蚕业和制丝业，或者是容易获得丝线的环境，成为伊内欧雅应运而生的条件。随着时代的变迁，除丝线外，也用棉线和化纤线等材料来制作。主要装饰图案是身边常见的花、果实、小动物和昆虫，这其中还有代表女性心声的内容。

土耳其的伊内欧雅围巾，长期以来都是嫁妆中的必备品。因地区而异要准备 100~200 条，馈赠给婆家的女性们。收到赠礼的女性们会将围巾保管起来，再进一步添加一些元素后，将其作为自己女儿的嫁妆，或是用于儿子的割礼仪式中。从前，有些地区存在着在女儿、儿子出生前就开始制作、囤积欧雅围巾的习俗，随着生活环境的变化，姑娘们不再想要用伊内欧雅工艺制作的围巾，因此母亲们也慢慢不再花费大量时间来制作了。作为传统工艺的伊内欧雅，其存在的形态正在逐渐消失。但一些地区特有的装饰图案随着女性活动范围的扩大和网络普及变得大众化起来。

野中几美
在出版社工作，从事自由撰稿人不久，即被土耳其的古老手工艺吸引，于 1995 年移居土耳其的安塔尔亚。现为土耳其传统手工艺店铺"mihri"的店主。从基里姆（土耳其地毯）和欧雅开始，收集和研究各种土耳其手工艺，并将大部分精力用于为媒体编写材料和演讲，将这些手工艺的魅力向日本传播。

第2章

古典花片

　　伊兹尼克地区使用粗线制作的大面积平面欧雅，布尔萨大小各异的平面花片，伊兹密尔清晰纤细的立体花片，艾登华丽的仿真花朵。贝尔加马结合了游牧民族重彩配色和几何外形、极为有趣的"埃菲欧雅（Eye oya）"，还有编织成细长管状的"布勒欧雅（Boll oya）"。活用各地区的传统纹饰，可以制作出富有特色的饰品和杂货。

*在土耳其，通常对拥有数个名称的花片以最符合作品风格的名称来命名。

小花包扣

将从古董欧雅围巾中获取灵感的花朵，
制作成焕发新气息的包扣。2款椭圆形包
扣是在蕾丝花边上编织花茎，而圆形包
扣则编织在绳辫上。

制作方法 *p.33*

包扣可以缝合在衣物和小物上作为装饰，
其实做成胸针来替换使用也很有趣。

新娘的欧雅拖鞋

也被称为"五瓣花的新娘欧雅",平面
的大花片似为伊兹尼克风格。宽大松
散的花朵犹如花边,以拱形连接编织
装饰。简洁的一双鞋,瞬间转变为个
性原创的艺术品。

制作方法 *p.36*

A

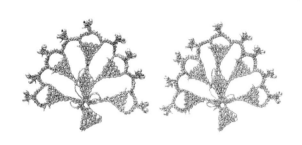

金属线 + 珠子

使用单色的金银线,在装饰环处加入
珠子,就会让作品变得更加雅致。

康乃馨花朵抱枕

在土耳其也流行将康乃馨连成花环，缝在靠垫上的做法。按当地的风俗习惯，为了避免遭到嫉妒，要展示作品的不完美，特意将其中一朵花做成了白色。

制作方法 *p.39*

壁挂装饰

比左侧图片中的环小一圈，底边线条
是用鱼线和珠子制作的，质感更轻盈。

制作方法 *p.42*

扇形花耳环

耳环上舒展的花朵能提亮脸庞肤色，
下垂的渡线使其看起来脱俗雅致。选
用不同的配色及配件，可让耳环给人
的感觉或甜美或简练。

制作方法 *p.44*

B   A

小花包扣·椭圆形 *p.26*

【材料】 ＊单个用量
线…中粗涤纶线
蕾丝花边(宽度1cm)…5cm
底座布料(麻)…7.5cm×6cm
包扣金属配件·胸针款(5.5cm×4cm)…1组

【编织方法】
＊欧雅结…均为绕线2圈

1 编织底座

在蕾丝花边的边缘制作绕线6圈的欧雅结,
编织5个针脚,一直编织到三角花片的第
5行(p.11·顶点)。接着,将线渡至顶点
针脚的右侧制作欧雅结。渡线要做得稍松
一些。

2 编织叶片

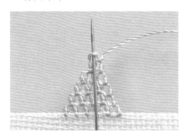 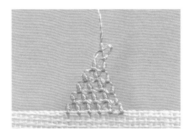 

❶ 挑起底座顶点针脚的渡线(不要挑针脚处的线)。

❷ 用步骤❶的渡线制作欧雅结,编织1个环(第1行)。

❸ 边增减针数,边编织叶片(p.12、13)。

3 编织茎A

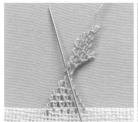   

❶ 将线从叶片的顶端拉下,并在叶片第1行的左侧制作欧雅结。

❷ 在步骤❶的左边制作1个欧雅结。按绳辫(p.16)的要领编织8个针脚。

4 编织茎 B　＊整体编织图解请参考 p.33

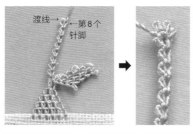
渡线 →　←第8个针脚

3 将线渡至第8个针脚的顶端右侧制作欧雅结，编织3个环。

1 接着从茎 A 开始，将线拉至茎 A 的第5个针脚处制作欧雅结。

2 按茎 A 编织方法的步骤**2**、**3**的相同要领编织3个针脚的绳辫和3个环。将线拉至茎的底部制作欧雅结。

5 编织茎 C　＊整体编织图解请参考 p.33

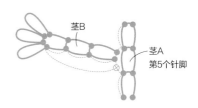
茎B
茎A
第5个针脚

用另一根线在茎 A 的底部左边，在叶片步骤**1**的渡线上制作欧雅结，按和茎 B 的相同要领制作欧雅结，编织茎 C。

6 编织花朵　＊整体编织图解请参考 p.33

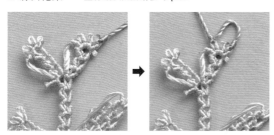

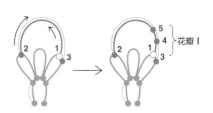
2　1　3
2　1　3
5
4
花瓣 I

1 用另一根线，在茎 A 右边的环上制作欧雅结，然后渡线（长度约6mm）至左边的环上制作欧雅结。

2 将线再渡至右边的环、示意图中针脚1的右边（示意图中3）处制作欧雅结。

3 编织花瓣 I 。将2根渡线全部挑起，在示意图中1的左边（示意图中4）处制作欧雅结（第1行1个针脚）。

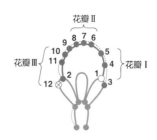

花瓣 II

花瓣 III

花瓣 I

4 在步骤③的左边制作第1行第2个针脚的欧雅结，渡线至第1行的右端制作欧雅结。

5 按步骤③的相同要领编织第2行。第3行编织1个针脚在顶点处制作欧雅结，将线下拉至第1行的左端制作欧雅结。

6 接着按步骤③~⑤的要领，编织花瓣 II 和 III。

7 叶尖进行装饰编织茎 C

7 将线从花瓣的顶点拉至茎 A 左端的环处，制作欧雅结，完成花朵编织。

8 在茎 B、茎 C 处，按步骤①~⑦的要领编织花朵。

在叶片第4行的右端和顶点的环处，分别进行装饰编织。

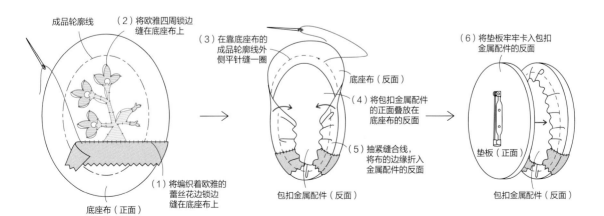

成品轮廓线

（2）将欧雅四周锁边缝在底座布上

（3）在靠底座布的成品轮廓线外侧平针缝一圈

底座布（反面）

（4）将包扣金属配件的正面叠放在底座布的反面

（5）抽紧缝合线，将布的边缘折入金属配件的反面

包扣金属配件（反面）

（6）将垫板牢牢卡入包扣金属配件的反面

垫板（正面）

包扣金属配件（反面）

（1）将编织着欧雅的蕾丝花边锁边缝在底座布上

底座布（正面）

小花包扣・圆形 A、B *p.26*

【花片尺寸】
长3cm，宽3.5cm

【材料】＊单个用量
线…中粗涤纶线
底座布料（麻，或者棉）…直径6cm
包扣金属配件・纽扣款（直径3.8cm）…1组

【编织方法】＊欧雅结…均为绕线2圈

1 编织底座

编织5个针脚的（第1行）绳辫（p.16），
上下翻转编织4个针脚（第2行）。接着，
编织倒三角花片（p.11）至第5行（顶点）
（参考下述"拖鞋"的编织方法1）。

2 编织叶片、茎、花朵、叶尖装饰

各编织图解请参考包扣・椭圆形
（p.33~35）编织方法的步骤②~⑦。

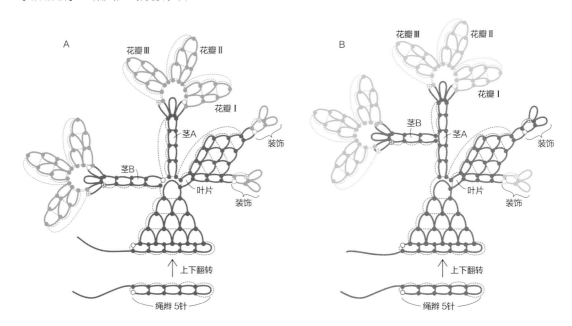

新娘的欧雅拖鞋 A、B *p.28,p.29*

【花片尺寸】 A・B通用 长5.5cm，宽6.5cm

【材料】
A 线…25号刺绣线（6股）
B 线…30号蕾丝金属线，大圆珠36颗
A・B通用 拖鞋（1双）

【编织方法】＊欧雅结…A均为绕线1圈、B均为绕线2圈

1 编织底座

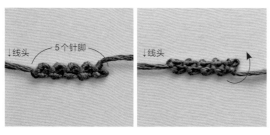

1 编织5个针脚（第1行）的绳辫（p.16），上下翻转。

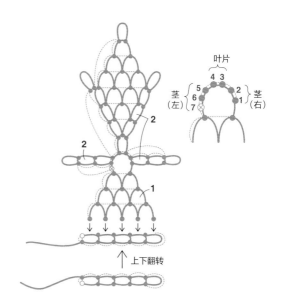

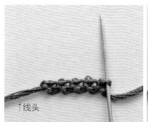 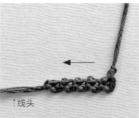  

2 第 2 行编织 4 个针脚。

3 编织三角花片（p.11）至第 4 行，第 5 行（顶点）的 1 个针脚要编织得稍大一些。

2 编织茎和叶片

1 接着从底座开始，编织右侧的茎。将线渡至底座顶点针脚的右边，将针脚和渡线一起挑起制作欧雅结。

2 按照绳辫（p.16）的要领编织 3 个针脚，将线向下拉至底座顶点的针脚处。

3 接着，在左边编织叶片。编织 1 个环，通过加减针脚数编织叶片（p.12、13）。

4 将线向下拉至第 4 行左端的渡线处，编织 1 个环。

5 接着，编织左边的茎。将线拉至叶片的左边、底座顶点的针脚处，按步骤**1**、**2**的相同要领编织茎。

3 编织花朵

参考编织示意图，在★标记处的针脚上分别编织倒三角花片（p.12）。

4 编织花朵外侧的圆弧

1 在左边花瓣的最顶层、左端的针脚（示意图中1）处制作欧雅结，在花瓣的右端针脚（示意图中2）处渡线（长度约0.8cm）制作欧雅结。按照相同要领，编织图中3~10的针脚时也要渡线。

2 接着，在步骤**1**的每一处渡线上编织7个针脚直至回到示意图中1的针脚处。

5 编织装饰

3 完成圆弧编织。

在9个圆弧的中心针脚处制作饰边。同样按照制作步骤**1**~**5**再制作1个花片。花片B（p.29）编织时在饰边环中穿入大圆珠。

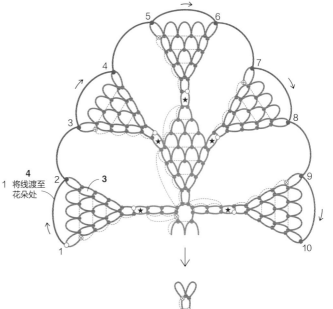

4 1 将线渡至花朵处

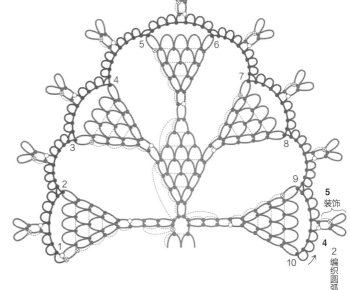

5 装饰

4 2 编织圆弧

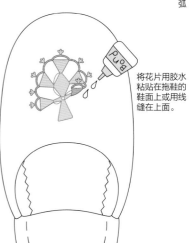

将花片用胶水粘贴在拖鞋的鞋面上或用线缝在上面。

康乃馨花朵抱枕 *p.30*

【花片尺寸】
长 19cm，宽 19cm

【材料】
线···25 号刺绣线（6 股线）
抱枕套···39cm×39cm（枕芯为 30cm×30cm）

【编织方法】
＊欧雅结 ··· 均为绕线 1 圈

1 编织底座

■ 剪约 150cm 长的线，在距离线头约 80cm 处环形起针（p.15・① ~ ⑤）。

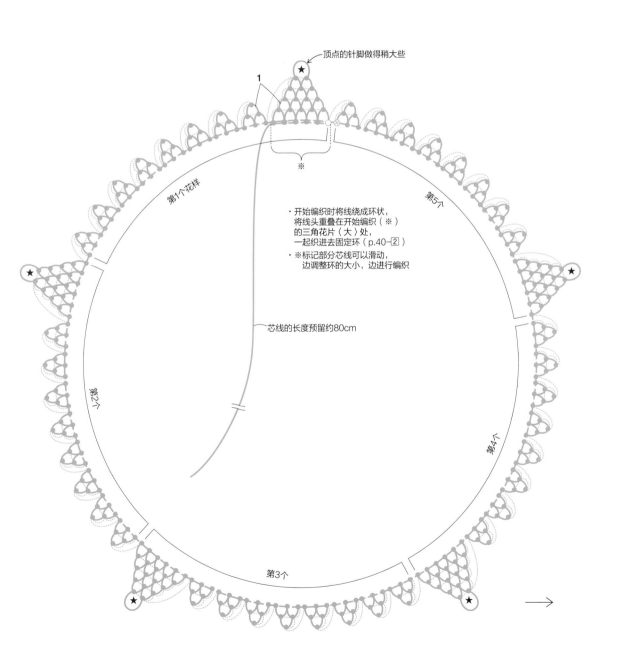

顶点的针脚做得稍大些

1

※

・开始编织时将线绕成环状，
将线头重叠在开始编织（※）
的三角花片〈大〉处，
一起织进去固定环（p.40-②）
※标记部分芯线可以滑动，
边调整环的大小，边进行编织

芯线的长度预留约 80cm

第 1 个花样

第 5 个

第 2 个

第 4 个

第 3 个

2 将线头一侧的线叠放在起针针脚的下方，编织5针5行的三角花片〈大〉(p.11)。顶点的针脚(编织图解★标记)做得稍大一些。
＊将接入的线做成"芯线"。环的大小可以通过拉拽来调整，拉芯线右侧环会变大，拉线头环会缩小。

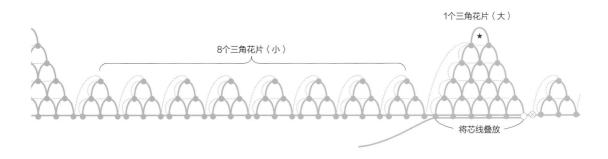

1个三角花片〈大〉

8个三角花片〈小〉

将芯线叠放

3 取出线头一侧的芯线(从这里开始芯线为1根)，将线拉下至三角花片〈大〉的左侧来制作欧雅结。接着，编织8个2针2行的三角花片〈小〉。

4 "1个三角花片〈大〉、8个三角花片〈小〉"为1个花样，共计5个循环。结束编织后，留意是否有扭拧及花片的平衡来调整环的外形。

重点 换线要在三角花片〈大〉的第2~3行进行。

2 编织右叶片 (2~5 请参考 p.41 的编织图解)

在三角花片〈大〉处编织。在顶点针脚(★标记)的右侧编织1个针脚(叶片的第1行)。注意第5行的编织方法(请参考右图)编织至第7行，在顶点处制作1个环。

3 编织花轴和花瓣

1 将花轴接在三角花片〈大〉上。在顶点的针脚(★标记)、右叶片的左边编织2个针脚(花轴的第1行)。不加不减针地编织4行、在第5行加1针。

2 在花轴第5行的右端针脚处编织右花瓣(4行倒三角花片·p.12)和褶边。

3 把线拉至花轴第5行的中心针脚处，制作欧雅结。

4 接着在左端的针脚处制作欧雅结，编织左边的花瓣和褶边。

4 编织左叶片

在三角花片〈大〉上编织。在顶点的针脚(★标记)，按花轴旁右叶片的相同要领编织叶片。

5 在叶片上编织饰边

在叶片的前端的环(共计6处)上编织饰边。

6 整形

整体整理成圆形后，将芯线以外的线头进行收尾(p.19)。

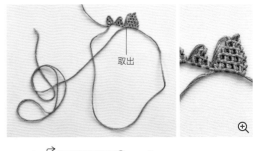

取出

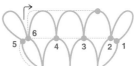

6

5　4　3　2　1

重点
在第5行完成**1~5**后，在**5**的右边编织**6**制作环。折返渡线。

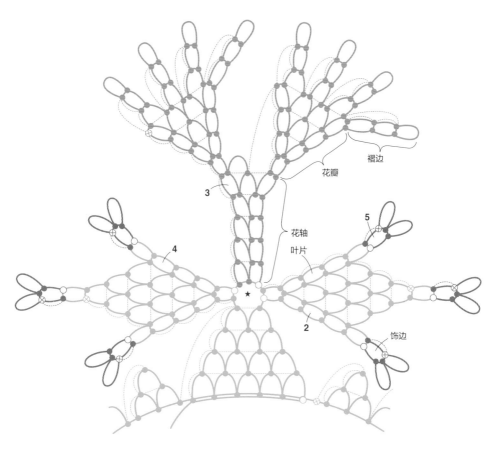

褶边

花瓣

3

花轴
叶片

5

4

饰边

2

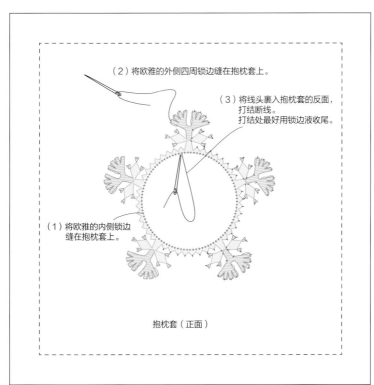

（2）将欧雅的外侧四周锁边缝在抱枕套上。

（3）将线头裹入抱枕套的反面，
打结断线。
打结处最好用锁边液收尾。

（1）将欧雅的内侧锁边
缝在抱枕套上。

抱枕套（正面）

壁挂装饰 *p.31*

【花片尺寸】
长 11cm，宽 11cm

【材料】
线…中粗涤纶线
底座布料（麻）…25cm×25cm 左右
玻璃珠（准备双色　A 色 25 颗，B 色 100 颗）
鱼线（2 号），绣绷（内径 15cm）

【编织方法】
＊欧雅结…开始编织和结束为绕线 2 圈、其余均为绕线 1 圈
＊底座的珠子　织入花片的部分＝A 色、未织入花片的部分＝B 色，
以接入花片位置为界限

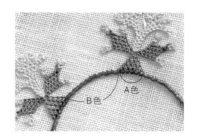

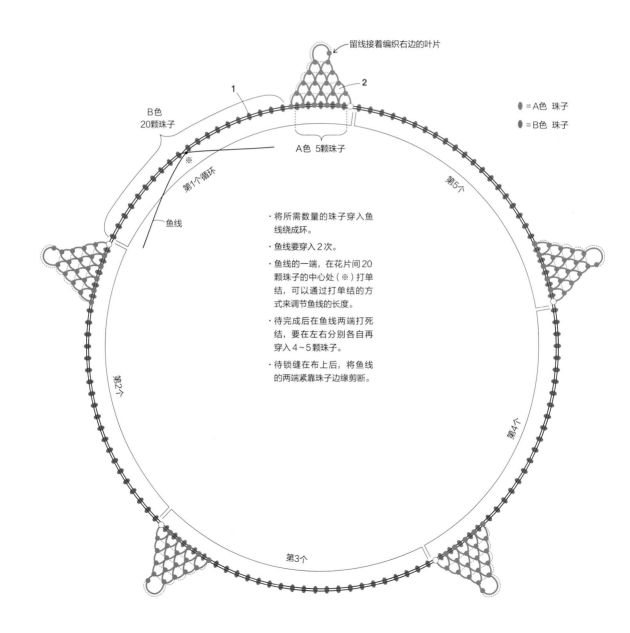

留线接着编织右边的叶片

1

2

B 色
20 颗珠子

A 色　5 颗珠子

●＝A 色　珠子
●＝B 色　珠子

※

第1个循环

鱼线

第5个

第2个

第4个

第3个

· 将所需数量的珠子穿入鱼
线绕成环。

· 鱼线要穿入 2 次。

· 鱼线的一端，在花片间 20
颗珠子的中心处（※）打单
结，可以通过打单结的方
式来调节鱼线的长度。

· 待完成后在鱼线两端打死
结，要在左右分别各自再
穿入 4~5 颗珠子。

· 待锁缝在布上后，将鱼线
的两端紧靠珠子边缘剪断。

1 制作底座的环

将鱼线在珠子内穿2次制作成环。珠子是以"5颗A色、20颗B色"为1个循环，共重复5次。鱼线是在B色珠子的中心(第10颗珠子之后)打半结(单结)，可调节长度使环不易松散。

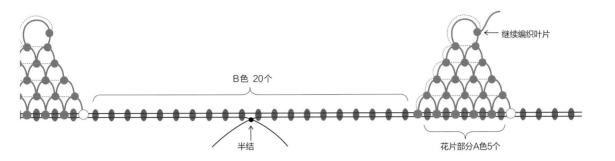

继续编织叶片

B色 20个

半结

花片部分A色5个

2 编织花片

1 编织底座。挑起穿上了A色珠子的鱼线，编织三角花片(p.40·编织方法1–**2**)。

2 编织叶片、花朵(编织图解在p.41)。将步骤**1**三角花片顶点的针脚和渡线一起挑起，编织右叶片、装饰(p.40·编织方法2)。接着，编织花朵、左叶片、饰边(p.40·编织方法3~5)。编织完后调整环的扭拧及珠子的间隔等，将鱼线打平结。在鱼线线头打结处的左右两侧穿入4~5颗珠子。

鱼线的打结方法

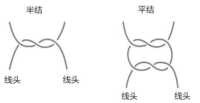

半结

线头   线头

平结

线头   线头

3 在布上锁边缝，剪断鱼线的两头

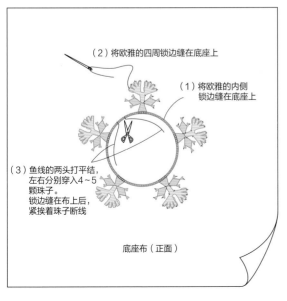

（2）将欧雅的四周锁边缝在底座上

（1）将欧雅的内侧锁边缝在底座上

（3）鱼线的两头打平结，左右分别穿入4~5颗珠子。锁边缝在布上后，紧挨着珠子断线

底座布（正面）

（4）将缝在底座上的欧雅嵌入绣棚，剪掉反面的多余布料

（5）缝合固定底座布上的折边

扇形花耳环 *p.32*

【花片尺寸】
长 3.3cm，宽 4.7cm

【材料】
A 线⋯中粗涤纶线，圆形开口圈（3mm）⋯6 个
　连接扣⋯2 个
B 线⋯40 号蕾丝线，圆形开口圈（3mm）⋯2 个
　天然石珠⋯4 个，9 字针⋯2 根
A·B 通用　耳钩⋯1 对
　　　　　　圆形开口圈（6mm）⋯2 个

【编织方法】
＊欧雅结⋯开始编织和结束编织为绕线 2 圈，其余均为绕线
1 圈

1 编织底座

在 6mm 的圆形开口圈上编织 5 针绕线 6 圈的欧雅结。编至三角
花片（p.11）的第 4 行，第 5 行顶点的针脚织得稍大一些。

2 编织茎

接着从底座处将线渡至顶点针脚的右端制作欧雅结。在其左边
制作欧雅结形成第 1 个针脚。按照绳辫（p.16）的要领编织 5 个
针脚，将线下拉至底座顶点的针脚处制作欧雅结，就完成了
1 根茎。接着在左边编织 3 根茎。

3 编织花瓣

在 4 根茎的顶点针脚处，分别编织 6 行的倒三角花片（p.12）。

4 编织花瓣的褶边

从右边的花瓣开始编织。在最上面一行的右端针脚处制作欧雅
结，在 1 片花瓣上编织 3 个褶边。接着将线渡至左边花瓣处，
在最上面一行右端的针脚上制作欧雅结，编织褶边。同样在第
3 片、第 4 片的花瓣上也编织褶边。

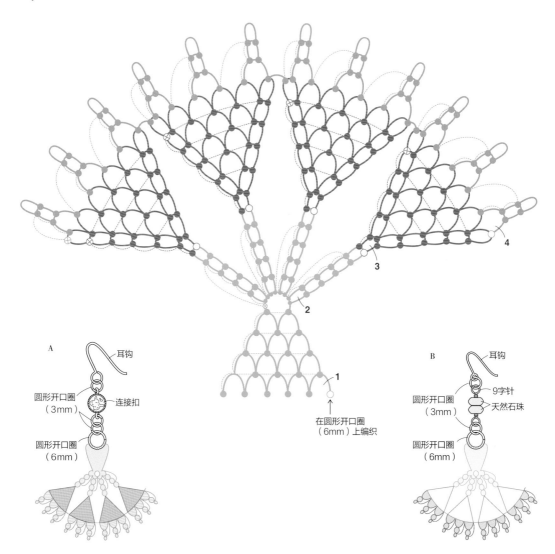

菊花胸针

大概只有伊内欧雅才能表现出如此纤细的花瓣。大小不同的
花朵唯一的差别在于起针数的不同，花瓣的编织方法是一样
的。只需选定线的颜色，尺寸可随意变化。

制作方法 *p.53*

3 种花朵的花环

立体的福禄考、水仙和紫罗兰组成的
花环装饰着房间。茎中加入定型丝，
更易插入花环的底座上，以保持姿态。
随意添加喜欢的花朵，除花朵外的编
织方法均通用。

制作方法 *p.55*

艺术包装

用和收礼者气质相称的花朵制作
成小花束，附在礼物上。

万寿菊花朵项链

说到奥德米斯的欧雅，最具代表性的就是小而奢华的花朵。
一朵朵制作完成后，在编织的绳子上均匀分布并缝合固定。
在延长链的末端也搭配上一朵花，构成背部的点缀。

制作方法 *p.64*

枫叶耳钉

衬托温柔气质的耳钉，纤细的质感和淡雅色调十分和谐。叶片和花芯的配色是令人眼前一亮的设计，渡线的柔软线条悄无声息地散发着神韵。

制作方法 *p.67*

埃菲欧雅花片饰物

边缠绕鱼线边螺旋编织，形成圆形的埃菲欧雅。
花片边缘令人联想到花瓣，不同的配色带来不
同的感受。背面挂上圆形开口圈，可以随意变
换绳子和配件。

制作方法 *p.68*

流苏小饰物

只需去掉左图中的皮绳，搭配上
流苏，就变成了不同的款式。

制作方法 *p.68*

布勒欧雅的
装饰披肩

用贝加尔马特有的管状欧
雅（别称"玛卡洛尼欧雅"）
制作风信子。底座编织在
布上，再固定上另外编织
的花。因为茎较长，正好
变成了流苏，每当动起来
时，就会轻轻地摇摆。

制作方法 *p.71*

菊花胸针 A、B *p.45*

【花片尺寸】 ＊不含萼
A 花〈小〉直径 2.5cm, 花〈大〉直径 3cm
B 花〈小〉直径 4cm, 花〈大〉直径 6cm

【材料】
A 线···中粗涤纶线
B 线···25 号刺绣线(6 股)
A、B 通用 花洒型金属底托胸针
　　　　(直径 1.5cm)···1 对

【手缝针以外的工具】
A 竹签
B 木制雪糕棒(宽约 0.5cm)

【编织方法】
＊花〈小〉 三瓣花 + 四瓣花
　花〈大〉 三瓣花 + 四瓣花 + 五瓣花
＊花朵 A、B 通用。此处以 A 为例进行说明
＊欧雅结···A 开始编织和结束编织,花
　瓣的绳瓣为绕线 3 圈,其余均为绕线 1 圈
　B 均为绕线 1 圈

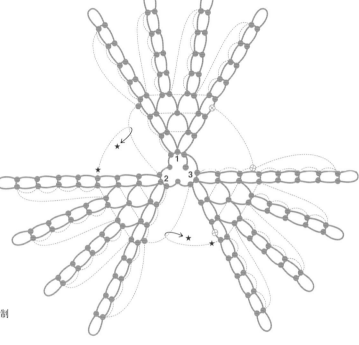

1 编织三瓣花

＊花〈小〉的内侧,花〈大〉的内侧···各 1 朵

❶ 留出约 15cm 线头环形起针编织 3 个针脚,制作长 0.3~0.4cm 的筒状编织(p.15、16)。

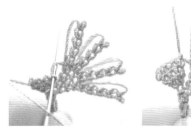

❷ 接着,在筒的最顶层编织花瓣。编织图解中★标记的欧雅结,是将下拉至右边的线同时挑起打结。

2 编织四瓣花

＊花〈小〉的外侧、花〈大〉的中心···各 1 朵

❶ 留出约 15cm 的线头,环形起针编织 4 个针脚,制作长 0.4~0.5cm 的筒状编织。

❷ 接着按照编织方法 1 中三瓣花的相同要领,在筒的最顶层编织 4 片花瓣。

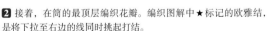
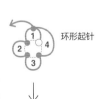

❸ 结束编织时将左边花瓣第三行右边的针脚同时挑起打结。
＊为便于理解,变换了线的颜色。

3 编织五瓣花

＊花〈大〉的外侧···1 朵

❶ 留出约 15cm 的线头,环形起针编织 5 个针脚,制作长 0.5~0.6cm 的筒状编织。

❷ 接着按编织方法 1 的相同要领,在筒的最顶层编织 5 片花瓣。

4 编织萼

■ 编织花〈小〉的萼。留约 20cm 的线头，环形起针编织 6 个针脚，制作长 0.5~0.6cm 的筒状编织。

■ 接着在筒的最顶层的针脚上编织萼片。拉至左侧的线长以萼片长度为准。

■ 编织花〈大〉的萼。留约 20cm 的线头，环形起针编织 7 个针脚，制作长 0.6~0.7cm 的筒状编织。接着按步骤■ 的相同要领编织萼片。

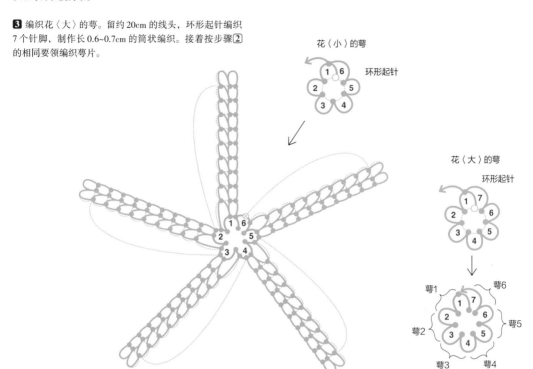

花〈小〉的萼

环形起针

花〈大〉的萼

环形起针

5 制作花芯

留约 15cm 的线头，将线在竹签（或雪糕棒）上绕 10 圈后制作欧雅结（p.65– 编织方法 3）。结束编织的线头，按适合 A、B 材质的方法进行收尾（p.19）。

留约 15cm 的线头

6 穿过花芯，同时将花和萼叠放

将开始编织花芯的线头放入筒状花萼内拉出，在筒的底部制作欧雅结。花〈小〉按三瓣花→四瓣花→萼的顺序、花〈大〉按三瓣花→四瓣花→五瓣花→萼的顺序叠放。每次叠放花和萼时用欧雅结固定，穿过各花开始编织的线头后，在约 0.2cm 处剪断，在每次穿过后进行收尾（p.19）。将花芯穿过萼后，剪断线头收尾。

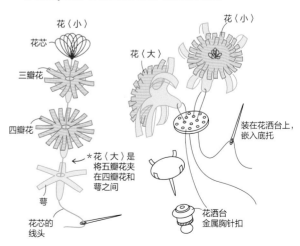

3 种花朵的花环 *p.46*

〈A 编织福禄考〉

【花片尺寸】 直径 2.5cm

【材料】
线…中粗涤纶线，鱼线（2号）
花环底座…直径约 15cm

【手缝针以外的工具】
木质雪糕棒（宽约 0.5cm）

【编织方法】
＊欧雅结…开始编织和结束编织处、花边
第 2 行为绕线 1 圈，其余均为绕线 1 圈

1 编织花瓣

1 留约 15cm 的线头，环形起针编织 4 个
针脚，制作长 0.4~0.5cm 的筒状编织
（p.15、16）。

2 接着在筒的最顶层，在图中 1 的针脚处
上编织 1 个环，将线渡至 2 的针脚处，制
作欧雅结（花瓣第 1 行）。

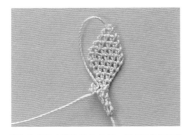

3 通过增减针数编织花瓣。编织至最顶层
后，将线下拉至 2 的针脚上制作欧雅结。

4 按步骤 2 ~ 3 的相同要领，编织剩下的
3 片花瓣。第 4 片花瓣是将线拉至 4 的针
脚处制作欧雅结。剪断线头收尾（p.19）。

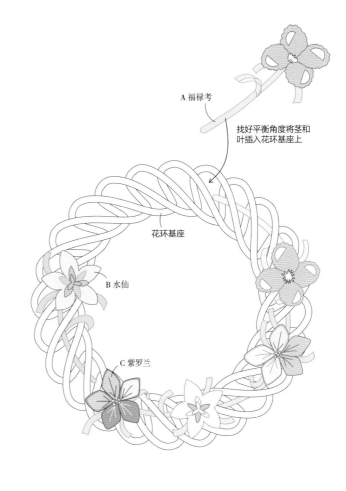

A 福禄考

找好平衡角度将茎和
叶插入花环基座上

花环基座

B 水仙

C 紫罗兰

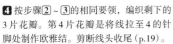

环形起针

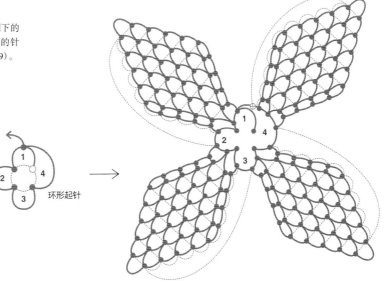

2 制作第1圈的花边

＊为便于理解，变换了线的颜色。

1 从第1片花瓣第5行右端针脚处开始编织。编织至花瓣的顶点后，在拉至左边的线上编织10~11个针脚。

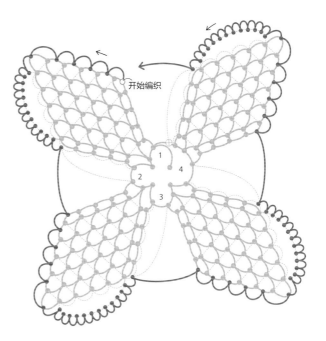

开始编织

2 将拉至左边的线和花瓣第5行左边针脚的渡线一同挑起制作欧雅结。

3 接着将针插入左边花瓣第5行右端的针脚，不留缝隙地拉线制作欧雅结。按相同要领，在剩余的3片花瓣上编织花边。

3 制作第2圈的花边

＊为便于理解，除**3**以外，变换了线和鱼线的颜色。

1 接着从第1行的花边开始编织。将鱼线包入第1行花边的第1个针脚中制作欧雅结。

2 在第1圈的针脚上继续制作欧雅结，花瓣和花瓣间不留缝隙地拉线。

3 编织完第4片花瓣后，在花边第2圈开始编织的针脚处制作欧雅结。结束编织时线头断线收尾（p.19），鱼线的两端在打结处断线。

4 制作花芯

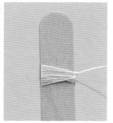

1 留约15cm的线头，将线在雪糕棒上绕10~12圈（适宜）后制作欧雅结。

2 剪开绕出的线环部分，使其松散开成绒毛状。

5 花芯穿入花内

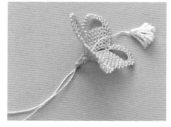

将花芯穿过花后，在花朵筒状的底部打欧雅结，剪断两个线头收尾。

〈编织茎、萼、叶片和花朵组合〉

＊福禄考、水仙、紫罗兰通用

【材料】
线…中粗涤纶线
包纸花艺铁丝（28号）、花艺胶带

【编织方法】
＊欧雅结…开始编织和结束编织为绕线2圈，其余均为绕线1圈

茎处的换线

新线

旧线

＊为便于理解，变换了线的颜色。将正在编织的线（以下称旧线）和新线的线头在左侧对齐。一边裹入旧线一边用新线编织2~3个针脚后放掉旧线，编织好1圈后剪断旧线。

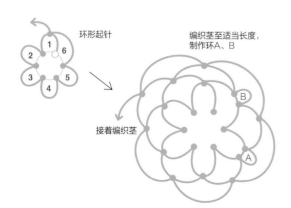

环形起针

编织茎至适当长度，制作环A、B

接着编织茎

B

A

1 编织茎

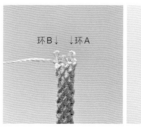

环B↓ ↓环A

将线渡至环的内侧，接着编织茎。

留约15cm的线头，环形起针编织6个针脚。在织到适宜位置时编织叶片的起点，制作环（编织图解中的A、B），制作长度约7cm的筒状编织（p.15、16）。

2 编织萼

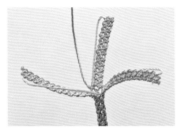

继续在茎的最顶层编织萼。拉至左边针脚的线沿着萼编织，长度（行数）匹配花朵的大小。共编织 3 片萼，剪断开始编织和结束编织的线头，进行收尾（p.19）。

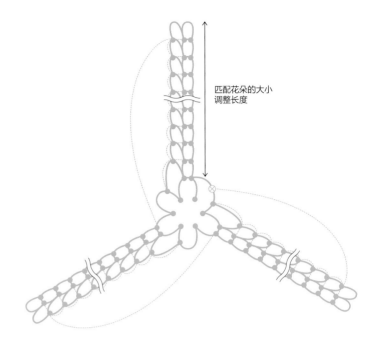

匹配花朵的大小调整长度

3 编织叶片

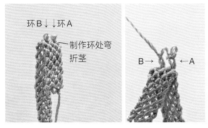

环B↓↓环A
制作环处弯折茎

B→ ←A

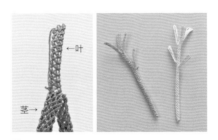

←叶

茎→

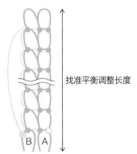

找准平衡调整长度

B A

1 在制作茎的过程中编织的环 A 处编织 1 个环，将线渡至环 B 上制作欧雅结（叶片的第 1 行）。

2 找准平衡编织至合适的长度，将线下拉至环 B 针脚的左端制作欧雅结。剪断线头收尾（p.19）。

4 匹配花和茎

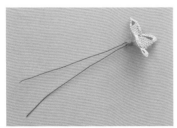

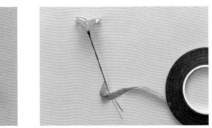

1 在花朵上安装花艺铁丝。在花的筒状编织的下方穿入包纸花艺铁丝后对折。难以穿入时，用粗针开下孔。

2 从花开始，在包纸花艺铁丝上缠绕花艺胶带。

3 准备约 15cm 用于茎上的线。将线在花反面的筒状编织最后一行上用绕线 2 圈的欧雅结固定，收尾短的线头 (p.19)。匹配齐茎的长度剪切花艺铁丝 (感觉前端不好看时，缠绕花艺胶带)。

4 在茎内插入花艺铁丝，用力插到花的底部。

5 将步骤**3**的线从茎的上方插入，在约 1.5cm 处出针。

约1.5cm

6 按回针缝的要领在茎上挑 1 个针脚，制作绕线 2 圈的欧雅结。从打结处的旁边将针插入茎内，在适当的位置上将线带出 0.2cm，并断线收尾 (p.19)。

7 完成。

〈B 编织水仙〉

【花片尺寸】 直径 3.3cm

【材料】线···中粗涤纶线，鱼线 (2 号)

【编织方法】
＊欧雅结···开始编织和结束编织处花瓣〈小〉的顶点、花边为绕线 2 圈。其余均为绕线 1 圈

1 编织花〈大〉

1 留约 15cm 的线头，环形起针编织 5 个针脚，制作长 0.5~0.6cm 的筒状编织 (p.15、16)。

2 接着在筒的最顶层，在编织图解中 1 处的针脚上编织 2 个环，加减针数编织花瓣。

3 接着从步骤**2**开始，在编织图解中 2~5 处的针脚上分别编织花瓣。

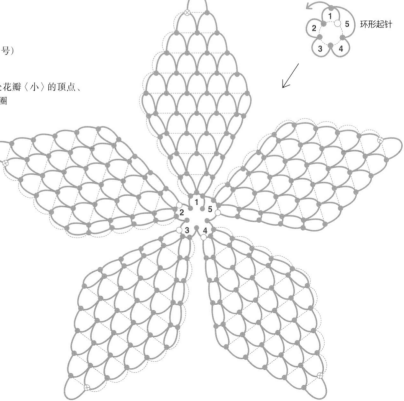

环形起针

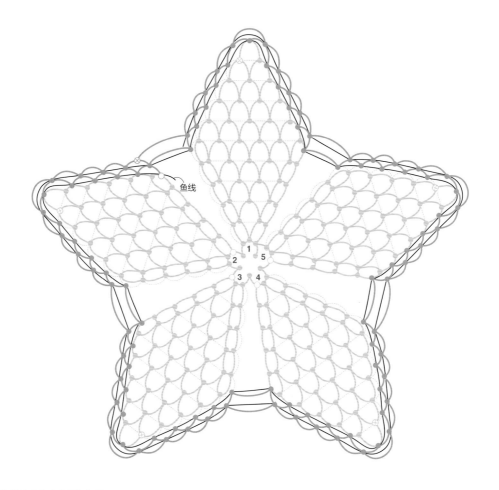

鱼线

1
2　5
3　4

2 在花瓣〈大〉上制作花边

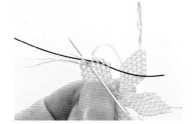

＊为便于理解，变换了鱼线的颜色。
❶ 任选一片花瓣，在第 5 行右端的针脚处入针，裹住鱼线制作欧雅结。线头留约 3cm。

❷ 将花瓣开始编织处的线头和鱼线一起裹住，在花瓣的外侧针脚处制作花边。花瓣的左侧是在渡线上编织。

❸ 编织 1 圈后，接着编织第 2 圈。鱼线两端在欧雅结旁切断。

3 编织花瓣〈小〉

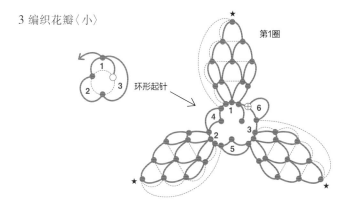

第1圈

环形起针

1 留约15cm的线头，环形起针编织3个针脚，制作长0.3~0.4cm的筒状编织（p.15、16）。第1圈是在筒的最顶层，在编织图解中1处的针脚上编织2个环，加减针数编织花瓣。顶点的针脚（编织图解中★标记）需制作绕线2圈欧雅结。

2 接着，将线拉至花瓣的底部制作欧雅结，将线渡至图解中2处的针脚制作欧雅结，制作4处的针脚（接入第2圈的编织针脚）。

3 接着，按1的针脚的相同要领，在图解中2、3两处的针脚上编织花瓣。将线从3处的针脚对应的花瓣顶点开始拉至底部制作欧雅结后，在左边制作欧雅结，制作图解中6处的针脚后断线。

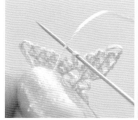

↓第2层
拉下来
↑第1层

4 用另一根线，从图解中6处的针脚开始编织第2圈的花瓣。和第1圈的要领相同，在编织图解中4、5处的针脚上编织。编织图解中4~6处的针脚时，将第1圈的花瓣拉至前面将线渡至花瓣的反面。

第2圈

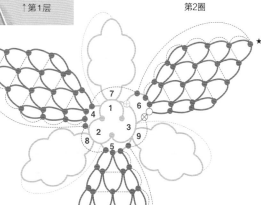

（正面） ←第2圈
←第1圈

（反面）

第3圈→
↓第2圈

5 用另外一根线，从图解中 7 处的针脚开始编织第 3 圈的花瓣。按第 2 圈的相同要领，将线向第 2 圈花瓣的反面渡至图解中 7~9 处的针脚编织。完成后，分别剪断各自的线头收尾（p.19）。

（正面） ←第3圈
↑第2圈
（反面）

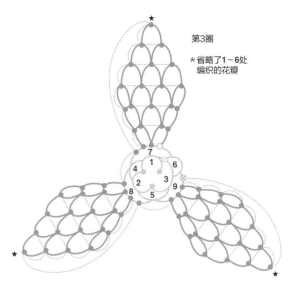

第3圈

*省略了1~6处
编织的花瓣

4 将花瓣〈小〉穿过花瓣〈大〉

将花瓣〈小〉穿过花瓣〈大〉后，在花瓣〈大〉的筒状底部制作欧雅结。2 根线头均断线收尾。

5 编织茎、萼、叶片后，与花进行组合

（参考 p.57~59）

〈C 编织紫罗兰〉

【花片尺寸】
直径 3cm

【材料】
线…中粗涤纶线

【手缝针以外的工具】
木质雪糕棒（宽约 0.5cm）

【编织方法】
*欧雅结…开始编织和结束编织处、花芯的花蕊是绕线 2 圈，其余均为绕线 1 圈

1 编织花瓣（编织图解 p.63）

1 留约 15cm 的线头环形起针编织 5 个针脚，制作长 0.4~0.5cm 的筒状编织（p.15、16）。

2 接着在筒的最顶层、编织图解中 1 处的针脚上编织 2 个环（花瓣第 1 行），加减针数编织花瓣。

3 用另一根线，在图解中 2~5 处的针脚上分别编织花瓣。按自己的喜好，变换花瓣的颜色。

环形起针

2 制作花边

从1片花瓣第4行右端的针脚开始编织，花瓣的左边是在渡线上编织。拉引渡线至花瓣和花瓣之间不留缝隙。结束编织时回到开始编织的针脚处制作欧雅结。

3 刺绣

针上穿的线 →

（正面）　　　（反面）

1 另外一根线的线头留约3cm，将线从花瓣底部的针脚（筒的最顶层）的反面将线带出。在每片花瓣上绣3根放射状的直线绣。

2 在花瓣的反面制作欧雅结。

3 接着，将线渡至花瓣的反面，按步骤**1**的相同要领，在其余4片花瓣上也进行刺绣。按各自喜好，刺绣线也可以换成和花朵色调匹配的颜色。

4 制作花芯

花蕊

将线在木质雪糕棒上绕线3圈后制作欧雅结。在每个环的顶部分别编织2个针脚制作成花蕊。

5 将花芯穿过花

将花蕊穿过花后，在花的筒状底部制作欧雅结。2根线头均断线收尾。

6 编织茎、萼、叶片后，与花进行组合

（请参考p.57~59）

✦✧✦✧ 奥德米斯｜Ödemiş｜ ✦✧✦✧

万寿菊花朵项链 *p.48*

【花片尺寸】
直径2cm

【材料】
线…中粗涤纶线，链条（宽1.2mm）…2条约14cm（按自己喜好调整），圆形开口圈（3mm）…4个，弹簧扣（6mm）…1个，延长链（约5cm）…1条

【手缝针以外的工具】
竹签

【编织方法】
＊欧雅结…均为绕线2圈

结束编织

开始编织

1 编织绳

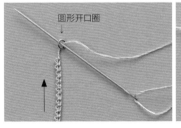

圆形开口圈

圆形开口圈

1 直接在1个圆形开口圈上开始编织，编织约30cm的绳辫(p.16)。

2 结束编织时将线在另一个圆形开口圈上绕2圈，在最后的编织针脚上制作欧雅结。

2 编织花朵

花瓣第1行

1 留约15cm的线头环形起针编织7个针脚，制作约0.6cm的筒状编织(p.15、16)。

2 在筒的最顶层、编织图解中的1和2处的针脚上制作1个针脚（花瓣第1行）、边加减针数，边编织花瓣至第5行。

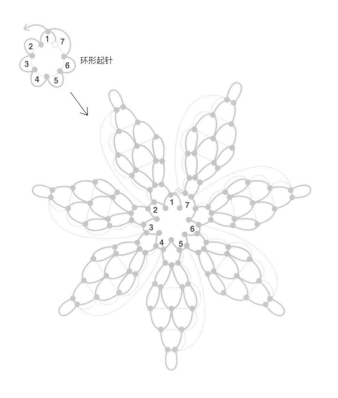

环形起针

3 在第 5 行的上方编织 1 个环，将线拉至图解中 2 的针脚处。

4 按步骤 **2**、**3** 的相同要领，在图解中 2~7 处的针脚上编织其余 6 片花瓣。

3 制作花芯

1 留约 15cm 的线头，在竹签上绕 7~8 圈。

2 从右下方入针穿过缠绕的线。

3 制作欧雅结，将缠绕的线竹签上取下。

线头留
约15cm

4 在花上装花芯

1 准备约 25cm 和花同色的线，在花芯的底部打结。剪断花芯的线头收尾 (p.19)。

2 将花芯穿入花筒内。

3 在筒底部制作欧雅结，并将 1 根花的线头断线收尾（p.19）。共制作 11 朵花。

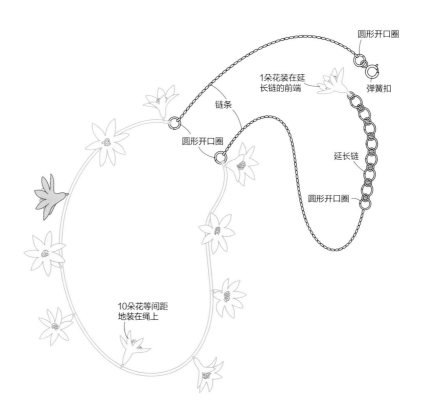

圆形开口圈

1朵花装在延长链的前端

弹簧扣

链条

圆形开口圈

延长链

圆形开口圈

10朵花等间距地装在绳上

花朵的安装方法

将花朵的线头穿过绳子（或是延长链的前端），制作欧雅结固定。剪断在绳上装花朵的线头，用打火机处理时请谨慎操作，不要熔到绳子。

枫叶耳钉 *p.49*

【花片尺寸】 直径 2cm

【材料】
线…细涤纶线（或佐贺锦细丝线）
花洒型金属底座耳钉配件（直径 0.8cm）
…1 对

【编织方法】
＊欧雅结…均为绕线 2 圈

1 编织叶片

1 留约 30cm 的线头，环形起针编织 5 个针脚（p.15），不作增减再编织 1 行。

2 在编织图解第 2 行 1 处的针脚上制作 2 个环（p.12）、边加针边编织至第 5 行。

3 第 6 行编织完 3 个针脚后，在第 3 个针脚的顶点（编织图解★标记处）处制作欧雅结。保持紧度将线拉至下一行第 4 个针脚处制作欧雅结，编织完 2 个针脚后，将线拉至底部 1 处的针脚制作欧雅结。

4 接着，渡线至图解中 2 处的针脚制作欧雅结。在图解中 2~5 处的针脚上也要按步骤**2**、**3**的相同要领进行编织。

2 编织花芯

1 留约 30cm 的线头，环形起针编织 5 个针脚。

2 在编织图解中 1 处的针脚上制作 1 个稍长的环，在环的顶点上制作欧雅结。

3 从顶点针脚（编织图解中的★处）开始，线拉下稍长些，在第 2 个针脚处制作欧雅结。

4 接着，渡线至图解中 2 处的针脚上制作欧雅结。以步骤**2**、**3**的相同要领，编织图解中 2~5 处的针脚。

3 给叶片加上花芯

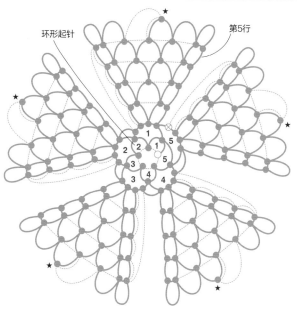

第5行

环形起针

（反面）　　（正面）

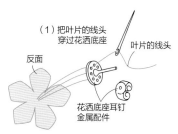

（1）把叶片的线头穿过花洒底座

叶片的线头

反面

花洒底座耳钉金属配件

（2）在花洒底座的反面制作欧雅结，剪断线头进行处理。

1 将芯穿过叶片。

2 在叶片的反面将线头打平结，并且剪断花芯的线头收尾（p.19）。使用细涤纶线时，要谨慎使用打火机进行收尾操作。

埃菲欧雅花片饰物 *p.50*　　流苏小饰物 *p.51*

【花片尺寸】 直径4cm

1 编织圆形花片

【材料】

1⃣ 留约15cm的线头，环形起针编织5个针脚，制作长0.6~0.7cm的筒状编织(p.15、16)。把最顶层作成圆形部分的第1行。

〈通用〉线…25号刺绣线(3股)，鱼线(3号)，
　　　　圆形开口圈(6mm)…1个

〈小饰物〉…喜欢的皮挂件，珠子小饰物，
　　　　圆形开口圈(3mm)…1个，龙虾扣…1个

2⃣ 从第2行开始，边裹入鱼线边编织。鱼线的前端留3cm左右，在第1行的编织图解1~5针脚处分别加1针，织完一圈为10针。

〈流苏小饰物〉…流苏

【编织方法】 ＊欧雅结…均为绕线1圈

3⃣ 第3行不作增减地编织一圈。
＊为便于理解，变换了鱼线的颜色。

4⃣ 第4行以后，边调整鱼线，边形成圆形的加针编织。加针至50针，直径3~3.5cm。

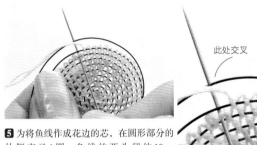

5⃣ 为将鱼线作成花边的芯，在圆形部分的外侧交叉1圈。鱼线的两头留约10cm断线。

此处交叉

鱼线为双层

鱼线交叉

环形起针

直径3~3.5cm
最后一行为50针

★

鱼线

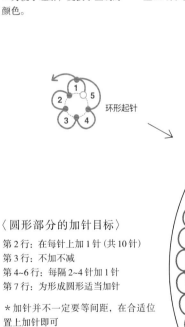

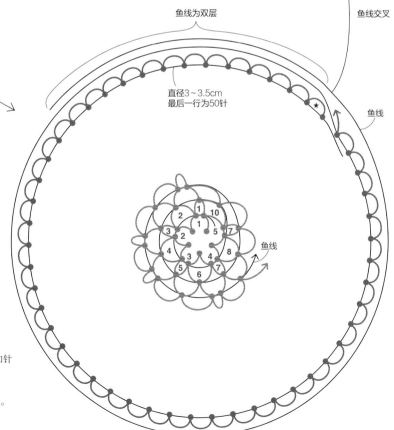

鱼线

〈圆形部分的加针目标〉

第2行：在每针上加1针(共10针)

第3行：不加不减

第4~6行：每隔2~4针加1针

第7行：为形成圆形适当加针

＊加针并不一定要等距离，在合适位置上加针即可

＊最后一圈为50针

重点

＊加针的环要做得小些，不在上一行加针的针脚上进行加针。

＊每行都要分别调整，使外形呈圆形。

＊不限定行数，做至直径3~3.5cm即可。

2 制作花边

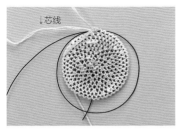

1 接着从圆形花片开始,从编织图解★标记的针脚开始编织花边。为使线不会过滑,要把和鱼线一起作为芯的线(以下称为芯线)也包织进去。

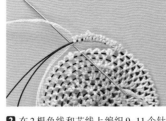

2 在2根鱼线和芯线上编织9~11个针脚(奇数针)。

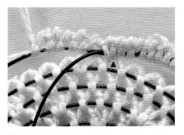

3 在编织图解▲标记的第1个针脚上编织2个针脚,去掉交叉的鱼线。

4 在剩余的鱼线和芯上编织1行。换线时是在▲标记的针脚上进行。

5 在★标记的针脚处制作欧雅结,剪断结束编织的线头收尾(p.19)。

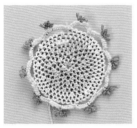

6 用另外一根线在★(▲)标记和▲标记中间位置的针脚处编织3个环。线头分别剪断收尾(p.19)。

7 调整鱼线形成美观的圆形,将鱼线的两端留约0.5cm后剪断。

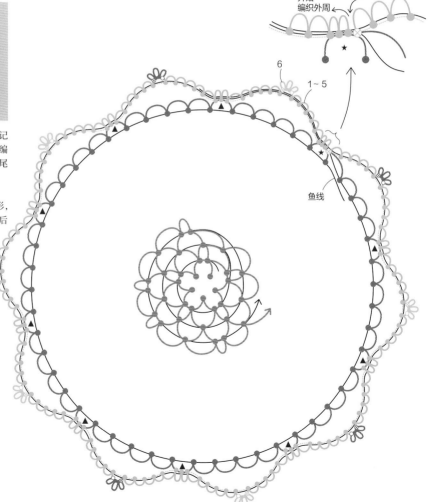

3 制作花芯、与圆形花片相连

 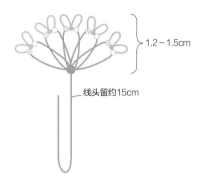

1.2~1.5cm

线头留约15cm

1 按 p.64 花芯的相同要领制作。

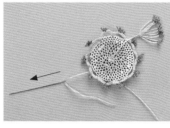 

2 将花芯穿入圆形花片内，并在筒的底部制作欧雅结（p.66-③）。剪断线头收尾（p.19）。

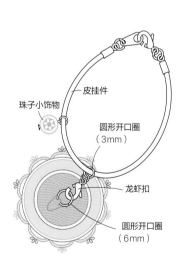

皮挂件

珠子小饰物

圆形开口圈
（3mm）

龙虾扣

圆形开口圈
（6mm）

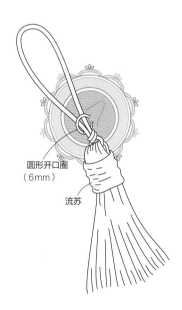

圆形开口圈
（6mm）

流苏

布勒欧雅的装饰披肩 *p.52*

【花片尺寸】
长 4cm，宽 2m（仅风信子）

【材料】线⋯40号蕾丝线，披肩⋯带有薄棉布边的物品（本作品宽约36cm）

【编织方法】
＊欧雅结⋯开始编织和结束编织处、花朵为绕线 2 圈，其余均为绕线 1 圈

1 在披肩上织入底边

1 在披肩短边的右端制作欧雅结，编织 3 个针脚。

2 编织带装饰环的三角花片（5 行）（p.11、13）。从第 2 行右端的针脚处开始编织环。顶点针脚处编织完环后，将线拉至披肩处编织 3 个针脚。

3 重复步骤**2**一直编织到披肩的左端，断线。

4 在三角花片的装饰环内，用另一根线编织环。

＊根据披肩的宽度，对三角花片的数量和花片间的针数进行适当的调整。

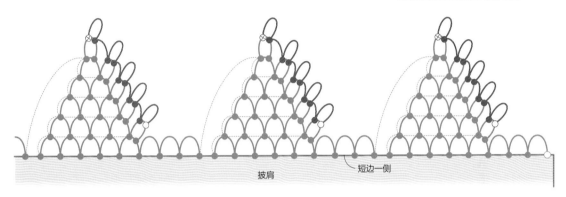

披肩　　　　短边一侧

2 编织茎、萼、叶片

1 留约 25cm 的线头环形起针编织 1 个针脚（p.15）。

2 交替编织绳辫（p.17），编织 3~3.5cm 图解中的茎 I。

3 编织萼。在茎前端的针脚（编织图解★标记）处编织 3 个环（第 1 行的第 3 个针脚）。

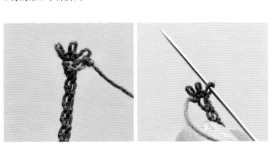

4 在右端的环内制作欧雅结（第 1 行的第 4 个针脚）。

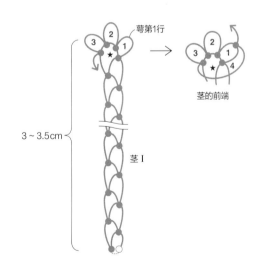

萼第1行

茎的前端

3~3.5cm

茎 I

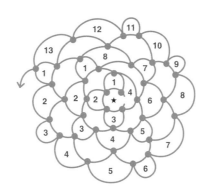

5 花萼第 2 行不加不减地编织 4 个针脚。
第 3 行是在第 2 行每个针脚内加 1 针，共
编织 8 个针脚 (第 3 行: 8 个针脚)。第 4
行不加不减地编织 (第 4 行: 8 个针脚)。
第 5 行参考编织图解加针至 13 个针脚。

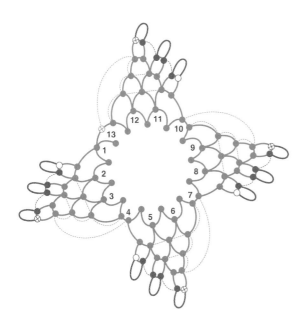

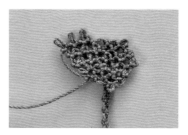

6 接着编织叶片。在萼第 5 行的编织图解
中 1~4 处的针脚上编织第 1 片叶片。编织
好 3 行带装饰环的三角花片后，将线拉至
叶片第 1 行、左端针脚 (4 的针脚) 的左侧，
接着编织第 2 片叶片。按相同要领共编织
4 片叶片，剪断线头收尾 (p.19)。

7 编织茎Ⅱ。在茎Ⅰ第 2 行的左侧编织茎
Ⅱ，按步骤 **6** 的相同要领编织叶片。

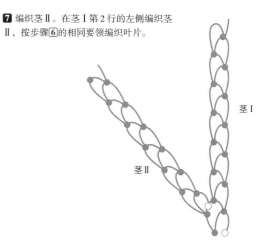

茎Ⅰ

茎Ⅱ

3 编织花冠

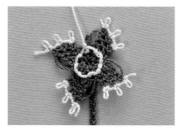

叶片

从叶片内侧
开始挑 8 针

织长约 3cm、针数为 8 针的筒

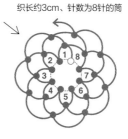

1 挑起萼内侧的针脚编织 8 个针脚的筒
(直径 0.6~0.7cm、绕线 2 圈的欧雅结)。将
以萼第 4 行 (编织方法 2- **5** 不加不减的 8
针) 为标准挑起编织，编织长约 3cm 的筒。

2 筒的最顶层，在编织图解中 1 的针脚内编织绳辫（p.16）4 行，制作花瓣。将线拉至图解中 1 处的针脚底部，制作欧雅结。

3 接着，越过编织图解中 2 处的针脚在 3 处的针脚内制作欧雅结，编织花瓣。

4 按步骤②、③的相同要领，在图解中 5、7 处的针脚内编织花瓣。编完 7 处的针脚上的花瓣后将线下拉，制作欧雅结并断线。线头收尾（p.19）。

5 用另一根线在图解中 8 处的针脚内制作欧雅结，按步骤②的相同要领编织花瓣。

6 接着，穿入筒的内侧，将线渡至图解中 2 处的针脚内，制作欧雅结。此时，跨过上方的线也一并织入。

7 按步骤③、④的相同要领，编织图解中 4、6 处的花瓣，断线收尾（p.19）。

＊花冠的数量可按披肩的宽度或喜好进行适当的调整。

4 将花织入底边

利用花冠上开始编织处茎的线头，在底边的三角花片间均衡织入欧雅结。

专栏 2

由胸针崛起渐入高潮，传统手工艺的新兴形态

野中几美

现今，在土耳其各地流传的款式独特的伊内欧雅正在消失，即便在当地，了解其背景的人也在逐渐减少。不过，近来在伊内欧雅复兴热潮的催化下，土耳其女性开始制作兼具趣味和收益的饰品，且出现了迄今为止伊内欧雅都不曾出现过的款式。以传承纳鲁罕（位于土耳其首都安卡拉西部的小村庄）传统新娘头饰为契机，运用立体伊内欧雅技法制作的饰品实现了商品化。之后，各地开始兴起制作者组织，大家反复摸索能获得现金收入的道路。

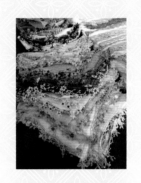

如今通过互联网就可以把当地女性制作的作品展示在世界各地的人面前。她们制作的物品最初模仿地方传统中已有的欧雅作品，近年来，相比地区性，反而更加重视创意。其中，出现了完成度很高的精美商品，也涌现出欧雅作家或是设计师。

伊内欧雅的定义也在发生着变化，其中最具代表性的例子是埃菲欧雅。这种原本只在艾登和马尼萨周边被称为"治安队埃菲"的英雄才能佩戴的欧雅，原本指的是卷在土耳其帽中的大欧雅。因此，说到"埃菲欧雅"，就意味着从19世纪后半期到20世纪前半期制作的古物件。然而，近来外形相似的扇形或圆形的欧雅也被称为"埃菲欧雅"。

另外，现在制作欧雅的土耳其女性并非一开始就了解欧雅的制作方法，并不是所有人都是从母亲那里学习的手艺。当我来到村中，原本很期待地询问对方她们所制作的欧雅是不是从母亲那里代代相传的，可回答却是从"互联网"或"当地的市民讲座"学来的。其实，和喜爱手工的大家一样，伊内欧雅对她们来说，也是一门新的手艺。材料从最早的丝线，演变成现在的锦纶线、涤纶线或是人造丝线，花片也从地区独有的图案，朝着体现制作者独创性的图案发展。花片名称也不再是原本的含义，而是根据制作者重新命名。在其他地区，也可模仿他人设计来制作。我还曾见到过日本人制作的欧雅在土耳其被当作范本学习。

在土耳其发展起来、一度被认为已走向终结的传统手工艺伊内欧雅，现今通过新生创作者们的力量，在改变其外形的同时，也重生成为了全球化的手工艺，迎来了生机焕发的新时代。

第3章

时尚花片

　　制作褶边、织入珠子、连接花片，编织镶边等。从伊内欧雅被定义为一种编织物起，各种各样的编织方法和形状就应运而生了。而且，即便是相同外形，若是变换线材，会有发现新大陆般完全不同的感受。伊内欧雅成品怀旧又柔软，制作它是一种很特别的休闲方式。如在书中发现了您所青睐的物品，请一定尝试着制作。

康乃馨花朵饰品

边缘呈现出的褶边，关键在于加针的花瓣。线的种类、花瓣的片数以及颜色或茎部不同，成品的效果就会截然不同。可作成胸花或耳环等饰品，使用的范围很广。

上排: A　下排: B（两者均自左开始分别为三瓣花、五瓣花、七瓣花）

制作方法　*p.84*

康乃馨发绳

叠放三瓣花和七瓣花后，发绳被隐藏
起来，呈现出更加华丽的感觉。

制作方法 *p.86*

白诘草胸针

将可爱的白诘草和四叶草搭配在一起制作而成。呈球状般绽放着的极小花朵，可用绕线6圈的欧雅结来呈现。所使用的刺绣线的质感更加提升了其质朴的观感。

制作方法 *p.87*

野草莓胸针

可爱的野草莓，可以用不同色调的珠子分别制作出未成熟及半熟感觉的果实。将花朵和叶片也一并安装在圆形开口圈上，接着用龙虾扣安装在别针扣上，展现出了硕果累累的样子。

制作方法 *p.90*

薰衣草餐巾扣

栩栩如生的薰衣草花片雅致华丽。编织绕线8
圈的欧雅结并整齐排列，形成麦穗般的花朵。
用加入花艺铁丝的茎将餐巾卷起，制作成扭拧
一下即可固定餐巾的餐巾扣。

制作方法 *p.94*

精油棒

轻轻地喷上精油，做成令人静心
安逸的室内装饰。

*由于精油的作用，线会有褪色及掉色的情况发生，敬请注意。

茶花杯垫

花片制作得极为简洁，完全体现出了花朵的存在感，颜色
也增添了渐变效果。只要学会一个花朵的编织方法，就可
以拓宽思路制作出各种各样的创意作品。

制作方法 *p.96*

花片书签 & 饰品

3个花朵的方向可纵可横地变化，
通过编织花边连接在一起。

制作方法 *p.98*

康乃馨花朵饰品 *p.76*

【花片尺寸】
A（除茎外） 三瓣花　直径 5cm，五瓣花　直径 5.5cm，七瓣花　直径 6cm
B　三瓣花　直径 2.5cm，五瓣花　直径 3cm，七瓣花　直径 3.5cm

【材料】
A　线…25号刺绣线（6股线）
　　包纸花艺铁丝（26号）…20cm，花艺胶带…适量
B　线…中粗涤纶线

【编织方法】
＊欧雅结…A 均为绕线 1 圈
　B 开始编织和结束编织处绕线 2 圈，其余均绕线 1 圈

1 编织花柄

＊三瓣花
留约 15cm 的线头，环形起针编织 3 个针脚，制作长 0.5cm 的筒状编织（p.15、16）。

＊五瓣花
留约 15cm 的线头，环形起针编织 5 个针脚，制作长 0.5cm 的筒状编织（p.15、16）。

＊七瓣花
留约 15cm 的线头，环形起针编织 5 个针脚，制作长 0.4cm 的筒状编织（p.15、16）。参考编织图解加针至 7 针。

2 编织花瓣

＊所有花瓣通用

❶ 在筒最顶层编织图解中的针脚 1 处，编织 2 个环（花瓣第 1 行）。

❷ 接着以倒三角花片（p.12）的相同要领，编织至第 4 行。

❸ 第 5 行、第 6 行是在编织图解的粗线位置上进行加针。加针的数量为每行 2 针。

三瓣花
 环形起针 筒编织的最顶层

五瓣花
 环形起针 筒编织的最顶层

七瓣花
 环形起针 在筒编织的最顶层的一行前加针至 7 针

花瓣　1片
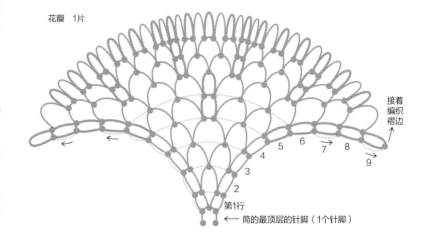
接着编织褶边
第1行
← 筒的最顶层的针脚（1个针脚）

第7行

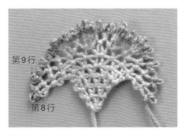
第9行
第8行

❹ 第 7 行是在第 6 行左端针脚上制作欧雅结，不用渡线从左至右编织。在编织图解的粗线处加针，共计 14 针。翻面编织也可以。＊为便于理解，以 1 片花瓣来解说。第 7 行变换了线的颜色。

❺ 第 8 行从第 7 行右端针脚处开始制作欧雅结，不用渡线从右至左编织，在编织图解的粗线处加针、共计 19 针。第 9 行按步骤❹的相同要领从左至右编织，共编织 37 针。翻面编织也可以。＊为便于理解，第 9 行变换了线的颜色。

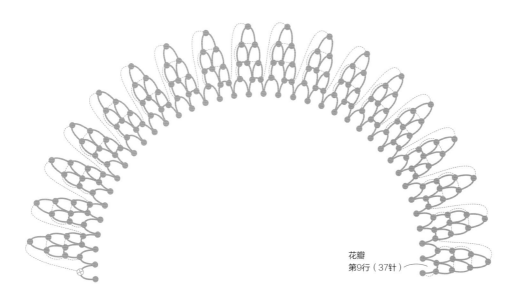

花瓣
第9行（37针）

3 在花瓣上编织褶边

*所有花瓣通用

从花瓣第9行开始继续编织，参考编织图解编织褶边。在筒的最顶层针脚上分别织入花瓣和褶边。结束编织，剪断线头收尾（p.19）。

4 编织 A 的茎和萼（刺绣线）

*三瓣花、五瓣花、七瓣花通用

环形起针

1 编织茎。留约15cm的线头环形起针编织 5 个针脚，制作长 7~8cm 的筒状编织（p.15、16）。

2 接着编织萼。参考编织图解加针至10针，匹配花朵大小编织萼的筒。

3 在萼的筒的最顶层编织萼片（编织图解参考 p.86）。剪断线头收尾（p.19）。

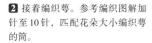

←萼
第1行

编织 B 的萼（中粗涤纶线）

*三瓣花、五瓣花、七瓣花通用

1 留约15cm的线头环形起针编织 6 个针脚，编织筒至遮盖住花瓣底部的长度。筒的长度匹配花朵大小进行调整。

2 编织萼片。参考编织图解在筒的最顶层编织，断线收尾（p.19）。

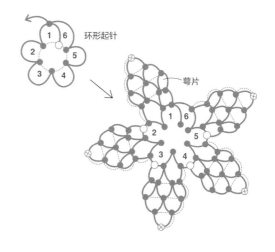

环形起针

萼片

5 搭配 A 的花和茎、B 的花和花萼

＊三瓣花、五瓣花、七瓣花通用

A　在花的下方放入花艺铁丝穿过茎（p.58-4）进行固定。花底部相对萼底部较细时，也可用花艺胶带缠厚些。断线收尾（p.19），整理出蓬松的花瓣外形。

B　将花插入萼的筒内，制作欧雅结进行固定。剪断线头收尾（p.19）、整理出蓬松的花瓣外形。

花朵较重时，可用另一根线固定花瓣和萼片。＊为便于理解，另一根线变换了颜色。

康乃馨发绳 *p.77*

【花片尺寸】 直径6cm

【材料】
线…25号刺绣线（6股线）
发绳（4mm 粗·环状）…1根
圆形开口圈（6mm）…2个

【编织方法】
＊欧雅结…均为绕线1圈
＊编织并叠放三瓣花和七瓣花

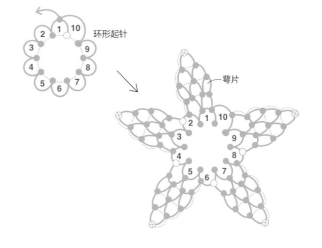

萼片

环形起针

1 编织花柄

＊三瓣花（p.84-1）

＊七瓣花（p.84-1）

2 编织花瓣

（p.84-2）＊所有花瓣通用

3 花瓣上编织褶边

（p.84-3）＊所有花瓣通用

4 编织萼

❶ 留约15cm的线头环形起针编织10个针脚，筒状编织至可遮盖花瓣底部的长度。

❷ 在筒的最顶层编织萼片，断线收尾。（p.19）。

花瓣（反面）

打开圆形开口圈
穿过萼下方
穿过发绳
闭合圆形开口圈

萼的下方　发绳

5 组合花朵和萼

按三瓣花→七瓣花→萼的顺序叠放，用三瓣花的线头固定。因为花朵较重，萼片的前端也用另外一根线固定七瓣花（请参考上述 A）。断线收尾（p.19），整理花瓣外形使之呈蓬松状。花朵中心凹陷，花瓣很难直立起时，也可在花朵中心滴几滴锁边液。

白诘草胸针 *p.78*

【花片尺寸】
长 6m，宽 3.5cm

【材料】
线…25 号刺绣线（6 股）
胸针（1.6cm）…1 个

【编织方法】
＊欧雅结…花芽（制作方法请参考下方编织方法 1–①）为绕线 6 圈，其余均为绕线 1 圈

1 编织花朵

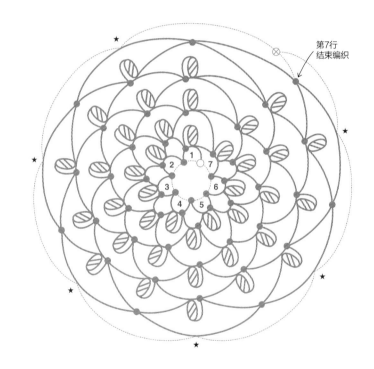

第7行
结束编织

1 留约 25cm 的线头，环形起针编织 6 个针脚，在编织图解中 1 处的针脚上制作绕线 6 圈的欧雅结，左边制作欧雅结。将它作为"花芽"。
重点 在 1 的针脚上制作绕线 6 圈的欧雅结，起针后 7 个针脚即完成。

2 将线渡至编织图解中 2 处的针脚上，编织花芽。

3 按步骤①、②的要领，编织花芽至编织图解中的 7 处。将其视为第 1 行。

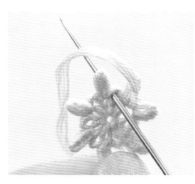

4 第2行需渡线至第1行的花芽内侧，将针插入左边的针脚内编织花芽。

5 按步骤**4**的相同要领，制作花芽编织6行。第7行不制作花芽而是编织绕线1圈编织欧雅结。

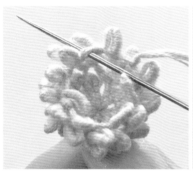

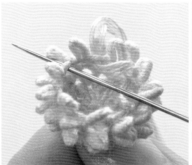

6 接着在第7行针脚的顶点（编织图解中★标记处）将针从内侧插入，按卷针缝的要领围着一圈挑线。

7 将同色线放入中间，用牙签或竹签压入填充。

8 拉紧步骤**6**的线订缝起来。

9 挑起最顶层的针脚，制作欧雅结。结束编织的线头从订缝中心穿针到反面（起针的中心）引出。

2 编织花苞

环形起针

开始编织

留约25cm的线头，环形起针编织5针绕线6圈的欧雅结，编织1针绕线1圈的欧雅结。将结束编织的线头断线收尾（p.19）。

3 将花苞装入花朵内

将开始编织花苞时留出的线头从花朵的上方穿入中心，在花朵底部制作欧雅结。保留花朵的线头（2根）和花苞的线头（安装在金属配件上使用）。

4 编织茎

用绳辫（p.16）的方法编织约4cm。保留针上的线继续编织叶片。

接着在顶点（☆标记）的针脚上编织叶片

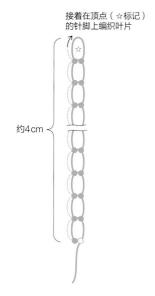

约4cm

5 编织叶片、刺绣叶脉

1 将线渡至茎前端针脚的右端，制作1个环（编织图解中1处的针脚）。

2 参考编织图解，在环内相应增减针编织叶片（p.12、13）。结束编织时留约1.5cm的线头。

3 在叶片上编织花边，将步骤**2**结束编织时的线头一起织入，用3股25号刺绣线绣叶脉。在茎前端的环（☆标记）内，编织图解中2、3、4处的针脚上共制作4片叶片。将开始编织和结束编织时的线头断线收尾。（p.19）。

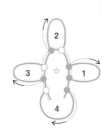

※在编织图解中1～4处的针脚内编织叶片。
在1的针脚内按编织方法 ②、③制作1片叶片。
按2、3、4的顺序编织其余叶片。

上图
针脚1～4

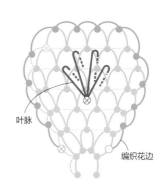

叶脉

编织花边

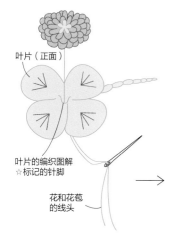

叶片（正面）

叶片（反面）

叶片的编织图解
☆标记的针脚

花和花苞的线头

将花和花苞的线头在胸针孔内绕缝几圈，在叶片反面固定胸针。线头打平结断线收尾。

花芽大小的改变

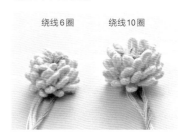

绕线6圈

绕线10圈

绕线圈数的不同，影响着花朵的丰满度。请按自己的喜好进行改变。

89

野草莓胸针 *p.79*

【花片尺寸】
长 6cm，宽 3.8cm

【材料】
线…中粗涤纶线〈除果实（小）外〉
细涤纶线〈果实（小）〉
小圆珠〈果实（大）用〉…55 颗
特小珠〈果实（小）用〉…55 颗
圆形开口圈（6mm）…1 个
龙虾扣…1 个
大别针（4.2cm）…1 个
＊针…织入珠子时穿珠用的细针

【编织方法】
＊欧雅结…开始编织和结束编织处、叶片
边缘编织的顶点为绕线 2 圈，其余均为绕线
1 圈

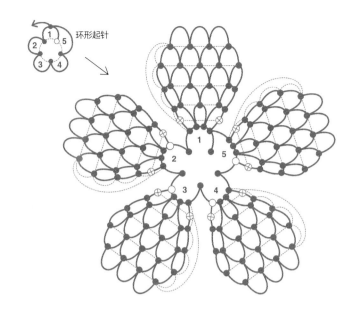

1 编织花朵

1 留约 20cm 的线头，环形起针编织 5 个针脚，制作长约 0.5cm 的筒状编织（p.15、16），在最顶层编织图解中 1 处的针脚内编织花瓣。

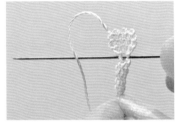

2 接着挑起花瓣第 1 行两侧的针脚，将线拉下来制作欧雅结。

3 用另一根线，在编织图解中 2~5 处的针脚内也编织花瓣。结束编织时线头断线收尾（p.19）。按步骤**1**~**3**的要领，再制作 1 朵花朵。

2 编织花芯

留约 20cm 的线头，环形起针编织 8 个针脚，制作长 0.5~0.6cm 的筒状编织（p.15、16），挑起最顶层的针脚（★标记），绕线穿过。将同色线塞入中间，收紧穿入最顶层的线做成圆球状，从圆球的顶点入针插入对面（起针针脚的中心）收线（p.88）。结束编织时线头断线收尾。按相同要领，再制作 1 个花芯。

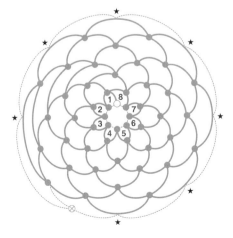

3 编织雄蕊

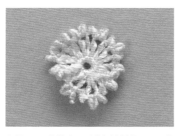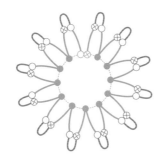

留约 20cm 的线头，环形起针制作 10~12 个高 0.2~0.25cm 的环。开始编织和结束编织时线头断线收尾。用另一根线在每个环的前端分别编织 1 针绕线 2 圈的欧雅结。断线收尾。按相同要领，再制作 1 个雄蕊。

4 在花朵上装入花芯和雄蕊

将起初编织花蕊的线头穿入雄蕊和花朵的中心。花朵和花蕊的线头制作平结收尾。

5 编织叶片

1 留约 20cm 的线头，编织 2 针绳辫 (p.16)。将线渡至第 2 个针脚的右端，按编织图解中 3、2、1 的顺序编织叶片起点的针脚。

2 接着，在编织图解中 1 处的针脚内编织叶片。1~4 行每行各加 2 针，5~10 行每行减 1 针。各行作成宽松的山形，各行的渡线要留长，编织好最顶层后，留约 1cm 的线头。

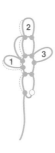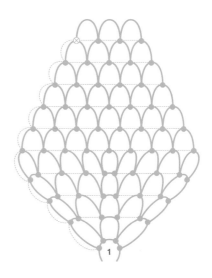

6 编织叶片的花边，刺绣叶脉

用叶片的线头制作花边。从叶片第 1 行右端开始编织，在编织图解★标记的针脚处制作绕线 2 圈的欧雅结，做成尖角的样子。叶脉的刺绣从叶片第 1 行中心针脚的反面出针绣出 4 根呈放射线状的线条。在反面制作欧雅结后断线收尾。编织图解中 2、3 处的针脚内也按 5 的要领制作叶片。

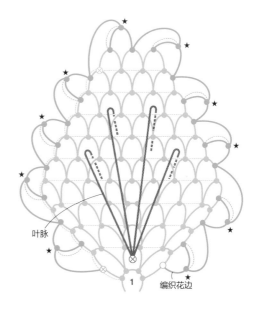

叶脉

编织花边

7 编织茎和蒂

☑ 编织茎。留约20cm的线头，编织约3cm的交替绳辫(p.17)。长度按根据喜好和平衡进行调整。

☑ 编织蒂。从步骤☑开始接着编织，在茎顶点的针脚(★标记)处编织4个环。将线渡至右边的环内制作欧雅结，为制作蒂的起点编织5个针脚。

☑ 接着不作增减地编织1行，在编织图解中1处的针脚内编织蒂，在顶点制作绕线2圈的欧雅结。剪断线头进行处理。按相同要领，在余下的2~5处的针脚内编织蒂。

☑ 在茎未完成的左右各一处分别编织短茎，在顶点的针脚(★标记)处编织蒂。

8 编织果实

＊＊用中粗涤纶线和小圆珠编织2个果实〈大〉，用细涤纶线和特小珠编织1个果实〈小〉。

＊因在编织过程中不接线会让成品更美观，所以一开始就要准备好足量的线，果实〈大〉约150cm、果实〈小〉约120cm。

＊编织果实时，请按每行要求将珠子分别准备好(第1~5行为10颗、第6行为5颗)

＊果实〈小〉需在5~6行上串入红色珠子，来体现即将成熟的效果。

☑ 留约15cm的线头，环形起针编织10个针脚。

☑ 用针挑起1颗珠子穿线，制作欧雅结。

＊为便于理解，珠子颜色仅在第1个针脚处作了改变。

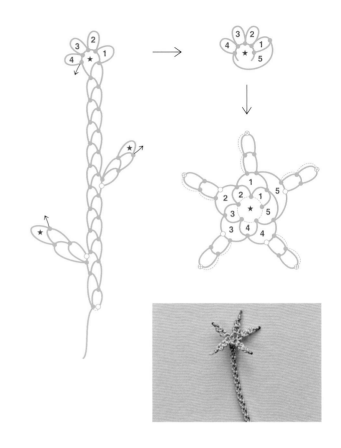

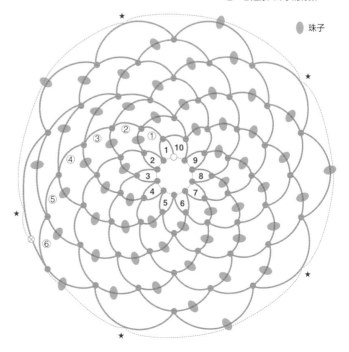

＊果实〈大〉〈小〉通用
＊①~⑥是穿入珠子的行数

⬤ 珠子

第1行 第10针的入针方法　　　第1行 结束编织　　　第2行 结束编织　　　第5行 结束编织

❸ 接着，在每个针脚内串入1颗珠子制作欧雅结。在每行的10针内织入珠子编织5行。＊为便于理解，珠子的颜色只在每行最初的针脚进行了改变。

❹ 第6行是穿珠和不穿珠的针脚交替，共编织10针。

❺ 在最顶层绕线围合一圈。在织入珠子的针脚上挑起珠子，在没有珠子的针脚上（编织图解★标记）挑线。

❻ 将同色的线塞入中间，收紧步骤❺上穿入的线做成圆球状。用收紧的线制作欧雅结，从果实的顶点开始穿入到对面（起初针脚的中心）。线头沿果实贴边剪断收尾（p.19）。

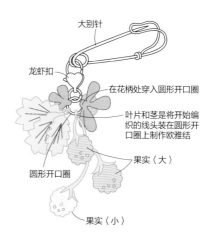

大别针

龙虾扣

在花柄处穿入圆形开口圈

叶片和茎是将开始编织的线头装在圆形开口圈上制作欧雅结

果实〈大〉

圆形开口圈

果实〈小〉

9 将果实安装在蒂上

❶ 在果实的顶点（收紧线的一侧）上，用和茎同色的线制作欧雅结。

❷ 将步骤❶的线穿过蒂后制作欧雅结，剪断线头进行处理。茎的左右蒂（p.92-7）上装果实〈大〉，在前端的蒂上装果实〈小〉（请参考上图）。

薰衣草餐巾扣 *p.80*

【花片尺寸】
长3cm、宽1cm（除茎以外）

【材料】
线…25号刺绣线（3股）、包纸花艺铁丝（28号或30号）…20cm

【编织方法】
＊欧雅结…除花芽（请参考下方编织方法2-②）外，均为绕线1圈

1 编织茎

留约15cm的线头环形起针编织3个针脚，制作长约14cm的筒状编织（p.15、16）。

环形起针

2 编织花穗

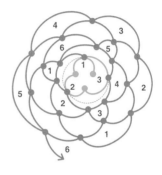

1 从茎开始换线，在茎的最顶层上编织。第1行茎的3针保持不变，第2行加针至6针，接着编织第3、4行。

2 在编织图解中1处的针脚内制作绕线8圈的欧雅结，在紧邻左侧处制作绕线1圈的欧雅结。这就是"花芽"。将线渡至编织图解中2处的针脚内，编织1个花芽。3~6处的针脚也是按相同要领编织花芽。

3 下一行不织花芽，编织绕线1圈的欧雅结。

4 重复编织"在与步骤②的花芽相同纵列的针脚上编织一行花芽→编织一行欧雅结"6次，此时共编织了7行花芽。

5 在下一行每隔1针编织一个花芽，最顶层在编织图解▲标记的地方编织花芽，在■标记上制作绕线1圈的欧雅结。此行有3个花芽。最后制作绕线1圈的欧雅结。（p.95编织图解"最顶层结束编织处"）。

6 接着，挑起编织图解★标记处的线，将线穿过花筒的最顶层（p.88-1-⑥）。

最后是绕线1圈的欧雅结

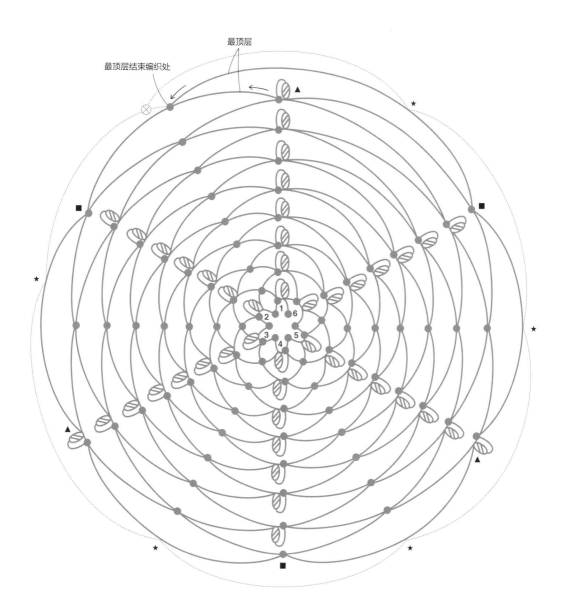

最顶层

最顶层结束编织处

3 将花艺铁丝放入茎内，完成花穗

1 为使长约15cm的包纸花艺铁丝（茎 + 1/2 的花穗长度）不外露于花穗，要将其前端稍稍弯曲一下。从花穗的上方插入茎。难以插入茎内时，用竹签扩开。

2 在花穗中放入同色线，用牙签或竹签等压入填塞。

3 整形后收紧编织方法 2- **6** 的线，在线末端制作欧雅结。线头是从花穗的顶点开始穿入底部后牵引拔出 (p.88-1- **8**、**9**)。将茎初始编织时的线头和花穗结束编织时的线头剪断收尾 (p.19)。

茶花杯垫 *p.82*

〈基础花朵的编织方法〉

1 编织花朵

1 留约 15cm 的线头,环形起针编织 12 个针脚(p.15)。

2 编织第 1 片花瓣。在编织图解中 1~3 处的针脚上编织 2 针(花瓣第 1 行),边加减针数边编织剩下的 9 行。结束编织时线头留约 1.5cm 后剪断。

3 按第 1 片花瓣的相同要领,编织其余 3 片花瓣。

2 在花瓣上编织花边

从第 1 片花瓣第 1 行右端的针脚开始编织,裹入花瓣编织结束时的线头继续编织。花瓣的左侧在渡线上编织,不留缝隙地收紧相邻花瓣处的渡线。

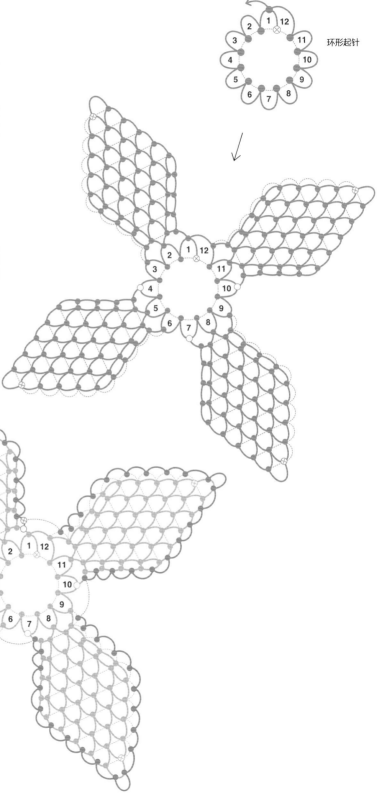

环形起针

花瓣之间
要将线收紧 →

〈花片的连接方法〉

将花边顶点的针脚彼此相连。

a 在侧面相连

编织1个基础花朵（右图·花①）。在制作另一
朵花（右图·花②）的花边时，将线在花①的花
边顶点处挑线继续编织。

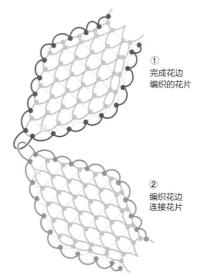

① 完成花边
编织的花片

② 编织花边
连接花片

① 完成花边
编织的花片

b 在中间相连

按 a 的相同要领相连。但需在左图花
①顶端的针脚内将花②、③、④的线
分别穿过编织。

【花片尺寸】
长 8.5cm，宽 8.5cm

【材料】
线…25号刺绣线（6股线）

【编织方法】
＊欧雅结…均为绕线1圈

① 编织4个基础花朵，其中1个要编织花边（编织图解中的
花①）。

② 连接4个花朵。连接方法图中的花②～④是在编织花边的
同时将外侧4处（连接方法 a）和中心（连接方法 b）连接好。

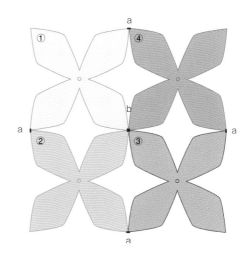

花片书签 & 饰品 *p.83*

〈书签〉

【花片尺寸】 长6cm，宽3cm

【材料】
线…30号蕾丝线（金属线）
圆形开口圈（3mm·4mm·5mm）…各1个
皮绳（0.1cm 粗）…10cm

【编织方法】
＊欧雅结…均为绕线1圈

1 编织3个基础花朵，其中1个先编织好花边（编织图解中的花①）。

2 将3个花朵相连。右图花②、③是在编织花边的同时将外侧的4处连接好（p.97·连接方法a）。

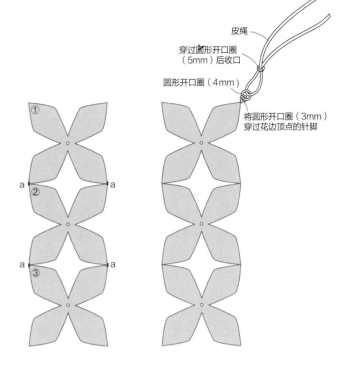

皮绳
穿过圆形开口圈
（5mm）后收口
圆形开口圈（4mm）
将圆形开口圈（3mm）
穿过花边顶点的针脚

① a a ② a a ③

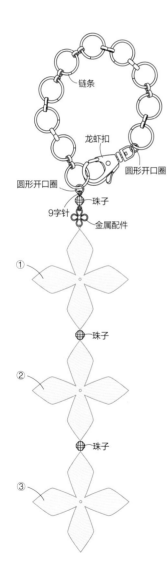

链条
龙虾扣
圆形开口圈
珠子
9字针
金属配件
① 珠子 ② 珠子 ③

〈饰品〉

【花片尺寸】 长11.7cm，宽3.5cm

【材料】
线…中粗涤纶线、金属配件…1个、珠子（直径3mm）…3颗
链条（宽度9mm）…11.5cm、龙虾扣（宽8mm）…1个
圆形开口圈（3mm）…2个、9字针…1个

【编织方法】
＊欧雅结…开始编织和结束编织处、花边编织处绕线2圈，其余均为绕线1圈

1 编织3个基础花朵。

2 下面将步骤①中制作的3个花朵以逆时针顺序用花边连接起来。在编织图解（p.99）花①的第1片花瓣顶点的针脚上，穿入金属配件制作欧雅结。

3 接着，在左侧的第2片花瓣上编织花边，编织到第3片花瓣的顶点时在顶点上制作欧雅结后穿入1颗珠子。

4 在花②的第1片花瓣顶点处制作欧雅结。接着，在左侧的第2片花瓣上编织花边，编织到第3片花瓣顶点时在顶点制作欧雅结后穿入1颗珠子。

5 在花③的第1片花瓣顶点处制作欧雅结。接着，按左侧花瓣→下方花瓣→右侧花瓣、花②的右侧→花①的右侧顺序编织下去。编织到两朵花的连接处时，将线再次贯穿③、④的珠子。

6 结束编织后，各个线头均剪断收尾（p.19）。

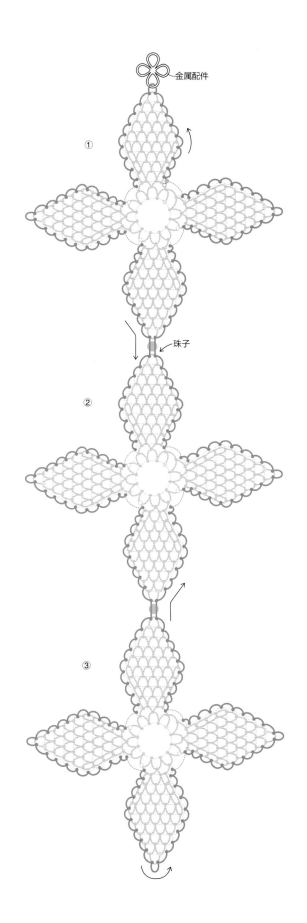

金属配件

① ② ③

珠子

绳辫项链 & 耳环

将织入银色珠子的项链和耳环搭配成套装。基础
就是柔软的绳辫和交替绳辫。项链上看似随意的
珠子，洋溢着高雅气息。

制作方法 *p.104*

蕾丝花片手链 & 耳环

缠绕手链是交替绳辫和扇形花边的结合。耳环是将绳辫织成
放射状的椭圆形,珠子则散落其中,凸显华丽感。

制作方法 *p.106*

扇形花边收纳袋

给手上的收纳袋编织上扇形花边，做成独有的物件。使稍长
的环散开成扇形，并有规律地连接起来。束口处和一线相连
的侧面的起针针数不同，制作时需要注意。

制作方法 *p.110*

A

B

重复编织环的操作，可
用于技法练习。顶端处
织入珠子。

针插

用编织环的方法装饰针插。中心花片
可以按自己的喜好来制作。

制作方法 *p.111*

绳辫项链 & 耳环 *p.100*

〈项链〉

【欧雅尺寸】
长 56cm，宽 0.2~0.8cm

【材料】
线…细涤纶线，3 切珠…适量（本作品使用了 436 颗）
圆形开口圈（4mm）…2 个，龙虾扣（宽 5mm）…1 个，喜欢的金属链…1 条
＊针…穿珠子时，使用可穿过珠孔的细针

【编织方法】
＊欧雅结…均为绕线 2 圈

串珠的方法

左右交替　　左右随机

方法 A
织入绳辫中

＊织入珠子的位置左右交替
或是左右随机。

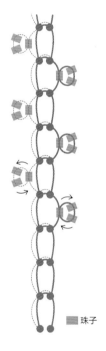

■ 珠子

右侧穿入珠子

1 编织几针绳辫（p.16），
将线渡至顶点针脚的右端
制作欧雅结。

第1个→

2 在线上穿上 3 颗珠子，
再将线穿入第 1 颗珠子内
形成交叉。

3 挑起步骤**1**的针脚，
在左侧制作欧雅结。

左侧穿入珠子

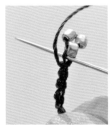

第1个

1 此处，下一行编织绳辫、或从下一行针脚右侧织入珠子的状态开始编织。将
线渡至下一行针脚的右侧，制作 1 针欧雅结。

2 在渡线上穿上 3 颗珠子，再将线穿入第 1 颗珠子
内形成交叉。在步骤**1**针脚的右侧制作欧雅结。

串珠的方法

方法B
织入交替绳辫上

＊在每个交替绳辫（p.17）的1个针脚内穿上1颗珠子。

1 在线上穿上1颗珠子，在下一行的针脚内入针。在针脚的顶点上制作欧雅结。

■珠子

2 穿上另一颗珠子，在步骤**1**的针脚内入针。在针脚的顶点制作欧雅结。

3 重复步骤**1**、**2**继续编织。

编织项链

＊编织过程中需换线时，在没有珠子的针脚上进行，待作品完成后断线收尾（p.19）。注意不要让打火机的火烧到主体，需谨慎操作。

1 留约25cm的线头，编织约2.5cm的绳辫（p.16）。

2 按串珠方法的方法A（p.104）、方法B（上述）穿入适量的珠子编织约57cm。

3 在结束编织前的5~7cm处，用方法A制作延长链的部分。将珠子按1~1.5cm的间隔左右织入。

4 编织约1.5cm绳辫。末端弯折约0.5cm穿入圆形开口圈，并制作欧雅结。结束编织时线头断线收尾（p.19）。

5 起始编织的一端也弯折约0.5cm穿入圆形开口圈，用开始编织处的线头制作欧雅结。剪断线头收尾（p.19）。

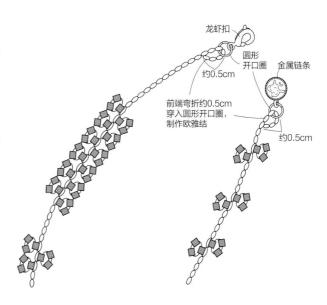

龙虾扣
圆形开口圈
金属链条
约0.5cm
前端弯折约0.5cm
穿入圆形开口圈，
制作欧雅结
约0.5cm

〈耳环〉

【欧雅的尺寸】
长 2.2cm，宽 2cm

【材料】
线…细涤纶线，3 切珠…适量 (本作品使用了 42 颗)
喜欢的珠子 (2 种)…各 2 颗，9 字针…4 根，耳钩金属配件…1 对，
*针…穿珠子时，使用可穿入珠孔的细针

【编织方法】
*欧雅结…均为绕线 2 圈

■1 编织 7 针绳辫 (p.16)，将线渡至顶点
针脚的右端制作欧雅结。

■2 在右侧穿 3 颗珠子，将线再次穿过
第 1 颗珠子形成交叉。挑起步骤■1的针
脚，在左侧制作欧雅结 (p.104)。

■3 接着编织 1 个针脚。

■4 重复步骤■2、■3，在 7 个位置织入珠
子。继续编织，编织针脚就会形成自然
的曲线。

■5 编织 7 针绳辫。开始编织和结束编
织处的线头断线收尾 (p.19)。

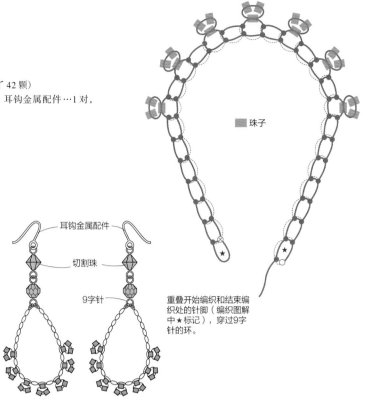

■ 珠子

重叠开始编织和结束编
织处的针脚 (编织图解
中★标记)，穿过 9 字
针的环。

耳钩金属配件

切割珠

9 字针

蕾丝花片手链 & 耳环 *p.101*

〈手链〉

【欧雅尺寸】
长 50cm，宽 1cm

【材料】
线…细涤纶线
3 切珠…适量 (本作品使用了 140 颗)
圆形开口圈 (4mm)…3 个
龙虾扣 (5mm 宽)…1 个
延长链金属配件…1 根
金属链条…1 根
*针…穿珠子时，使用可穿入珠孔的细针

【编织方法】
*欧雅结…均为绕线 2 圈

1 编织中心部分

■1 留约 25cm 的线头，用交替绳辫 (p.17)
的方式编织 4 针。

■2 将 1 颗珠子穿入 1 个针脚，共编织 2 针。

■3 接着，不穿珠子编织 4 针。

■4 重复步骤■2、■3，编织 52cm。结束编
织时留 25cm 线头。

*长度按喜好进行调整。完成后中心部分
编织的长度会缩短 2~3cm。

*换线是在编织图解中↓的位置 (在编织
方向的左侧，穿珠针脚的中间) 进行。旧
线新线都是留约 3cm 的线头断线，在编织
2 中左侧的侧面时，将线头包入收尾
(p.19)。
*为便于理解，变换了线的颜色。

↓新线

↑旧线

→ 编织方向

● 珠子

2 编织左右两侧的蕾丝花样

1 务必从1的编织方向的左侧面（有换线线头的一侧）开始编织。在织入珠子针脚右侧的针脚处制作欧雅结。将线渡至织入珠子针脚左边的针脚上制作欧雅结。

2 在渡线上，将线渡至第1个欧雅结的左边制作欧雅结。

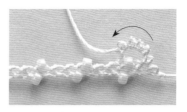

3 对齐步骤**1**、**2**的2根渡线，在其上面编织5个针脚。

4 在步骤**1**渡线针脚左边的针脚上制作欧雅结。

5 重复步骤**1**~**4**，在中间部分编织蕾丝花样。将开始编织和结束编织处的线头断线收尾（p.19）。按相同要领，在右侧面上编织蕾丝花样。

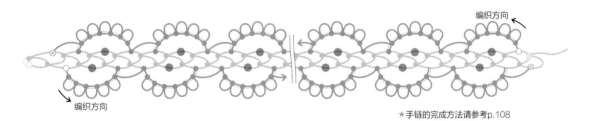

编织方向

编织方向

*手链的完成方法请参考p.108

换线线头的处理　*为便于理解，变换了线的颜色。

↓新线

↑旧线

1 在珠子右边的针脚内制作欧雅结时，将旧线和新线的线头一同织入。接着，将线头一起渡线制作欧雅结。

*为便于理解，左图处理成了断线后的状态。

2 按编织方法2-**2**、**3**的相同要领，裹入线头进行编织。2-**3**结束编织后，取出线头。外露的线头将在整体结束编织后，沿2-**3**第5个针脚的边界断线。

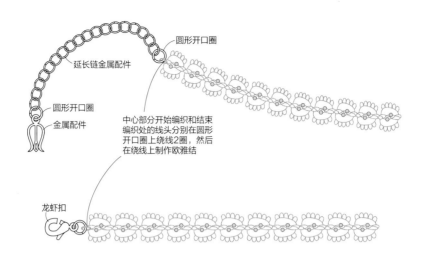

延长链金属配件

圆形开口圈

圆形开口圈

金属配件

中心部分开始编织和结束
编织处的线头分别在圆形
开口圈上绕线2圈，然后
在绕线上制作欧雅结

龙虾扣

〈耳环〉

【欧雅尺寸】
长 3.8cm，宽 3.2cm

【材料】
线···细涤纶线
3 切珠···38 颗
捷克珠···2 颗
圆形开口圈（4mm）···2 个
9 字针···2 根
耳环金属配件···1 对

【编织方法】
＊欧雅结···均为绕线 2 圈

1 编织蕾丝花片

1 留约 40cm 的线头（用于编织方法 2 的珠绣），环形
起针编织 10 个针脚（p.15）。

2 在编织图解中 1 处的针脚内编织 5 针绳辫（p.16）。

● 珠子

环形起
针编织

3 穿上 1 颗珠子编织 1 针，将线渡至右侧约 0.3cm 处
制作欧雅结。

4 挑起渡线，在步骤**3**针脚的左侧制作欧
雅结。制作 1 个环，在顶点制作欧雅结。

5 将线松弛地拉下，在步骤**4**针脚的左侧
制作欧雅结。

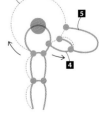

6 重复编织步骤③~⑤共5次后，紧靠欧雅结断线。

7 编织图解中的针脚2~10也是按步骤②~⑥的相同要领进行编织。

＊在编织绳辫时，起针针脚1、2、5、6、7、10上均编织5针，针脚3、4、8、9上编织4针。

＊在编织图解中★处的针脚时，2~9的针脚要与右边★处的线连接，制作欧雅结。

＊在最后★标记的针脚上，10的针脚要与左边★处的线连接制作欧雅结。

2 珠绣

1 将编织方法1中开始编织处的线头从花片的正面拉出，穿上8颗珠子贯通2次后作成环形。

2 在编织方法1的环形起针针脚上放置步骤①的珠串，用穿珠子的线订缝。

3 在步骤①的中心绣1颗珠子。在反面制作欧雅结，断线收尾（p.19）。

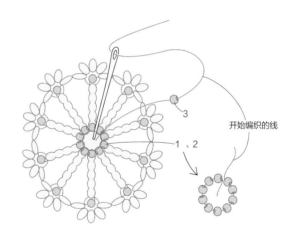

开始编织的线

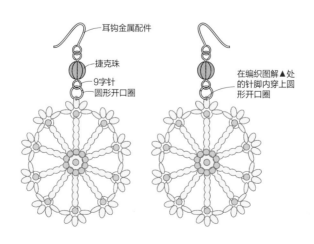

耳钩金属配件

捷克珠

9字针
圆形开口圈

在编织图解▲处的针脚内穿上圆形开口圈

扇形花边收纳袋 *p.102*

【欧雅尺寸】 ＊单个花样
收纳袋 A···长 1cm，宽 1.8cm，收纳袋 B···长 0.7cm，宽 1.6cm

【材料】 ＊单个用量
收纳袋 A
线···真丝线，布收纳袋，
小圆珠···适量，缎带（0.5cm 宽）···适量
收纳袋 B
线···中粗涤纶线，小圆珠···适量、
布收纳袋、绳（0.2cm 宽）···适量

【袋口编织起针数的概算法】
＊这里用收纳袋 B 来说明

【编织方法】
＊欧雅结···开始编织和结束编织为绕线 2 圈，其余均为绕线 1 圈

圈织（收纳袋 A・B 的袋口）

❶ 第 1 行按"4 的倍数"起针编织。每针的宽度制作成 0.3cm。

❷ 接着编织第 2 行。在❶的第 1 针处制作欧雅结，在编织图解中★标记的针脚处编织 6 个 0.4cm 长的环。＊在成行编织过程中换线时，请参考 p.9-B。

❸ 从编织图解中★标记的针脚开始，在左侧针脚上制作 2 次欧雅结。

❹ 重复编织❷、❸。

❺ 继续编织第 3 行。穿珠编织、结束编织均在最初的渡线处制作欧雅结。剪断线头收尾（p.19）。

编织一条线（收纳袋 B 的侧面）

❶ 第 1 行按"4 的倍数 +1"的针数起针，每针的宽度制作成 0.3cm。

❷ 第 2 行换线。在步骤❶的第 1 针上制作欧雅结，在编织图解中★标记的针脚处编织 6 个 0.4cm 长的环。

❸ 从编织图解中★标记的针脚开始，在左侧针脚上制作 2 次欧雅结。

❹ 重复编织步骤❷、❸。

❺ 第 3 行也需换线，边穿珠边编织。各行结束编织时请参考"结束编织"部分的编织图解（p.111）。

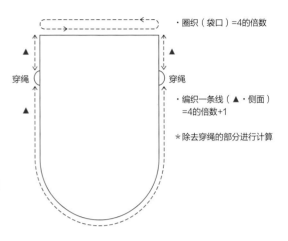

[编织起针针数的概算法]

・圈织（袋口）=4 的倍数

穿绳

・编织一条线（▲・侧面）
=4 的倍数 +1

＊除去穿绳的部分进行计算

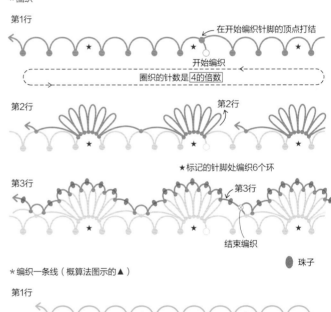

＊圈织

第1行

在开始编织针脚的顶点打结
开始编织

圈织的针数是 4 的倍数

第2行   第2行

★标记的针脚处编织6个环

第3行   第3行

结束编织

● 珠子

＊编织一条线（概算法图示的▲）

第1行

0.3cm

第2行

第3行

● 珠子

珠子

第3行
第2行

穿绳
（长度适宜）

▲（第1行的针数参考p.110编织起针针数的概算）

有穿绳的情况

1 第1行按"4的倍数+1"起针。按编织图解中▲（编织一条线）的间距，编织穿绳情况下所需针数（长度应适宜）。

2 第2行换线。在穿绳的针脚上，加入适量的欧雅结进行编织。

3 第3行穿珠编织。但是一旦在穿绳前的位置上断线，就需从穿绳的左侧重新接着编织。

[编织一条线时的结束处的情况]

针插 *p.103*

【欧雅尺寸】 ＊单个花样
长 0.6cm，宽 1.2cm

【材料】
线…中粗涤纶线，小圆珠…适量，圆形针插

【编织方法】
＊欧雅结…开始编织和结束编织处为绕线2圈、其余均为绕线1圈

圈织（p.110）

1 第1行按"4的倍数"起针编织。每针的宽度制作成0.3cm。

2 接着编织第2行。在步骤**1**的第1针上制作欧雅结，在编织图解中★标记的针脚上编织5个长0.4cm的环。
＊成行编织过程中换线时，请参考p.9-B。

3 从编织图解中★标记开始，在左侧针脚上制作2次欧雅结。

4 重复步骤**2**、**3**编织。

5 接着编织第3行。穿珠编织、结束编织均在最初的渡线处制作欧雅结。剪断线头收尾（p.10）。

结束编织

开始编织

起针数为"4的倍数"

起针数为"4的倍数" 开始编织

———— ＝第1行 按4的倍数起针

———— ＝第2行 在★的针脚处编织5个环

———— ＝第3行 穿珠编织

珠子

111

平尾直美

自2008年开始自学伊内欧雅。曾在介绍欧雅
的手工书中负责欧雅作品的制作和制作方法
的解说。在日本各地举办欧雅的研习会及市
集活动。

编辑
高井法子

摄影
村尾香织
平尾直美（p.24、74）

书籍设计
阿部智佳子

摹写绘制
小池百合穗
WADE 手工制作部

协助
野中几美
越前屋
CLOVER

原文书名：イーネオヤでつくる　ちいさな雑貨とアクセサリー
I-neoya De Tsukuru Chiisana Zakka To Accessory
原作者名：平尾直美
Copyright © Naomi Hirao 2016
Original Japanese edition published by Seibundo Shinkosya
Publishing co.,Ltd.
Chinese simplified character translation rights arranged with Seibundo
Shinkosya Publishing co.,Ltd.
Through Shinwon Agency Co,
Chinese simplified character translation rights © 2022 China Textile
& Apparel Press
本书中文简体版经日本诚文堂新光社授权，由中国纺织出版社有
限公司独家发行。

著作权合同登记号：图字：01-2022-2116

图书在版编目（CIP）数据

指尖花园：土耳其传统蕾丝饰品／（日）平尾直美
著；虎耳草咩咩译 . –– 北京：中国纺织出版社有限公
司，2022.8
  ISBN 978-7-5180-9074-7

Ⅰ. ①指… Ⅱ. ①平… ②虎… Ⅲ. ①钩针—编织—
土耳其—图集 Ⅳ. ① TS935.521-64

中国版本图书馆 CIP 数据核字（2021）第 221900 号

责任编辑：刘 婧　特约编辑：王 蔚　责任校对：高 涵
责任印制：储志伟

中国纺织出版社有限公司出版发行
地址：北京市朝阳区百子湾东里 A407 号楼　邮政编码：100124
销售电话：010—67004422　传真：010—87155801
http://www.c-textilep.com
中国纺织出版社天猫旗舰店
官方微博 http://weibo.com/2119887771
北京雅昌艺术印刷有限公司印刷　各地新华书店经销
2022 年 8 月第 1 版第 1 次印刷
开本：787×1092　1/16　印张：7
字数：155 千字　定价：59.80 元

凡购本书，如有缺页、倒页、脱页，由本社图书营销中心调换